医学界も認めた

ルテインのちから

ケミン・ジャパン20年の挑戦と未来!

Health Brain 編

はじめに

２０１５年（平成27年）、第2次安倍内閣の規制改革によって誕生した「機能性表示食品制度」。それは、「健康食品」の制度化における「特定保健用食品（トクホ）」の大幅な見直しででした。「特定保健用食品（トクホ）」制度では、行政が許認可するまでに平均4年半という時間が掛かり、企業は食品成分が健康に資することを個別製品の臨床試験によって証明しなければならず、数億円という資金が必要でした。しかし「機能性表示食品」制度では、個別製品の臨床試験を必須とはせず、食品成分を原料として捉え、それが健康に資するという研究論文を科学的根拠とできる制度であり、届出は必要とされるものの、企業責任によって食品の健康機能を表示できるようになったのです。健康維持とＱＯＬの向上を願う国民にとって、まさに画期的な出来事でした。

Health Brain編集部ではこの制度の取材を重ねるうちに、ある食品成分に興味を持ちました。それが「ルテイン」です。もちろん、以前からもその名称は知っていました。しかし、わたしたちは、ルテインがこの制度の中で格別の輝きを放つのを目撃したのです。機能性表示食品制度において食品成分を論ずる場合、「食品機能の科学的根拠となり得る論文は1報以上必要」なのですが、一般的には多数の論文が用いられます。ところがルテインは、1報だけで届出が受理された最初の食品成分だったのです。第1章で紹介するハモンド博士の論文でした。

この論文の背景を調べていくと、米国が加齢黄斑変性という眼病への対策のために国家的プロジェクトとして行った、AREDSと呼ばれる研究とルテインとの関係を知ることになりました。また、日本でケミン・ジャパンという会社が制度やアカデミアに働きかけ、ついにはその世界において認められるという現在のポジションを勝ち取ってきたことが分かりました。

そして、２０２１年。米国ケミン社が開発したFloraGLO®ルテインの誕生から25周年、その日本支社であるケミン・ジャパン設立20周年を記念して、光栄にも本書の編集に参加させていただくことになりました。

企画を練っているうちに、FloraGLO®ルテインを日本市場に普及しようとしたケミン・ジャパンの歩みが、日本の「健康食品」の歴史と面白いようにリンクしていることがわかりました。そこで、ルテインやケミン社に関する事柄のみならず、「機能性表示食品」の成立を含めて日本の「健康食品」の全体像も俯瞰してみることになりました。折しも、現在ケミン・ジャパンの代表である橋本正史氏は、日本の健康食品業界を代表する団体「一般社団法人　健康食品産業協議会」の会長でもあります。

医師をはじめとするアカデミアの世界と「健康食品」がなかなか相容れなかった

時代から、今では医学界で評価されるようになったルテイン普及の歩みは、他の多くの機能性食品素材の啓発にも十分参考になるのではないかと思います。ぜひ多くの皆様にこの本をお手に取っていただいて、健康に資する食品全体の参考にしていただければ幸いです。

最後にこの本を編集するにあたり、ケミン・ジャパンの橋本正史氏、村上敦士氏に多大なるご協力をいただきましたことを、この場をお借りしまして深く感謝申し上げます。

2021年11月

Health Brain 編集部

「ルテインのちから」発刊に際して

光合成植物がみずからを守るために作り出した強力な抗酸化物質ルテインは、人の健康維持に欠かせない機能性成分である。光による酸化ストレスに絶えず晒される眼には、高密度のルテインとその類縁物ゼアキサンチンが存在し、良質な視機能維持に加え加齢黄斑変性予防に重要な役割を果たす。さらに、脳機能にも重要な働きを持ち、近年は認知症予防効果も研究されている。

超高齢社会において視機能と脳機能の低下は極めて深刻な事態を招くため、健康寿命延長に果たすルテインの役割は大きい。そんなルテインを世界で初めて高純度抽出に成功したのがケミン社。今から60年前、革新的農産物を作るという大きな夢を描いたネルソン夫妻の情熱は、アイオワ州デモインの古い納屋を改装しただけの小さな町工場から、今では世界１２０か国以上に展開するグローバル企業となり、同社の高品質で知られるFloraGLO®ルテインも25周年を迎えた。

さらに、アジアの拠点として設立されたケミン・ジャパンも設立20周年を迎え、地道に医学的エビデンスを目指して来たその姿勢が高く評価されている今、人と地球の健康を守り、持続化可能社会へとさらなる挑戦を続ける。

そして、このたびFloraGLO®ルテインの25周年、ケミン・ジャパン20周年を記念してこの『ルテインのちから』が上梓された。ルテインとケミングループの話だけではなく、日本の健康食品の歴史や将来像も彼らの歩みとリンクして詳細に描かれていることにも驚いた。世界の人々の健康を願うケミングループらしい企画だ。

この本が、日本の健康食品業界の発展と日本人の健康寿命延伸に寄与することを願ってやまない。

聖隷浜松病院眼科部長　　尾花 明

目次

「ルテインのちから」の読み方について

本書では、健康に資する食品成分・ルテインを軸として、関連する事実を述べています。

第1章では、本書の主題であるルテインという食品成分を、研究者たちがどのように解明して来たかについて記しました。まずはアカデミックな観点からルテインを知りたい、という方は、この章からお読みいただくことをお勧めします。

第2章では、米国を母胎として普及が始まったルテインが、日本ではどのようにして広められて来たかについて述べます。ここではルテインが、日本のアカデミアや「健康食品」業界に対してどのように関わって来たか、が描かれます。日本におけるルテイン普及の歩みを知りたい方に適切な章です。

第3章では、ルテインを世界で初めて抽出し普及して来たケミンという会社について紹介します。ケミン社の存在が無ければ、ルテインが世に出ることもありませんでした。同社の理念と活動を整理することで、ある種の経営論や企業論として読んでいただけます。

第4章では、日本における「健康食品」の本格的制度化をお示しします。特定保健用食品、機能性表示食品など様々な言葉がありますが、こうした概念を含め、日本では健康に資する食品がどのように制度化されて来たのか、が説明されます。この方面にご興味のある方は、本章をお読みください。

第5章では、日本で試行錯誤が続けられている機能性表示食品を巡る取り組みが、世界に向けてどのように発信され始めているか、についてのご報告です。健康を維持することを基本として、生活の質を高めること、ひいては疾病を予防することは世界的な課題です。この課題について日本はどのように立ち向かっているのか、に関心のある方には有意義な章です。

以上のように、本書を手にされた方は、どのような情報に触れてみたいかによって、章を選んでお読みいただけます。皆様がひとつの章を読み終わって、他の章も読んでみたいとお思いになり、最終的に全てをお読みいただけたなら、それは編集部にとって幸甚の至りです。

一方で、最初から順に最後まで読んでいただけるならば、次のような展開で情報が得られる構成になっています。

それは、

まず、ルテインという食品成分の研究の軌跡を知り、
次に、ルテイン普及の日本における歩みを知り、
続いて、ルテインの生みの親であるケミンという会社を知り、
さらに、ルテインを含む「健康食品」の本格的制度化を知り、
最後に、ルテインを含む機能性食品制度を世界に向けて、また未来に向けて発信しようとする試みを知る、

というものです。

では、第1章を、以下に始めます。

第1章

ルテイン
医学界にも認められた食品成分
その無限の可能性

第1章では、ルテインという食品成分の研究の軌跡を記します。

01 ルテインという物質について

ルテイン（lutein）は、ラテン語で黄色を意味する"luteus"から派生した言葉で[1)]、自然界に存在する黄色の色素です。色素のことをカロテノイドと言いますので、例えばトウモロコシ、ニワトリの卵の黄身などは、ルテインというカロテノイドが付けている色合いということです[1)-2)]。

わたしたちの毎日の食事において、このルテインを含む代表的なものは、ホウレンソウや小松菜、ケールなどの緑黄色野菜です。

緑黄色野菜には、葉緑素クロロフィルとルテインが共存しています。ルテインは葉黄素とも呼ばれますから、緑黄色野菜は葉緑素と葉黄素の結合物と言い換えられます。それが色彩として緑色に見えても、そこにはルテインが含まれているということなのです。[3)]

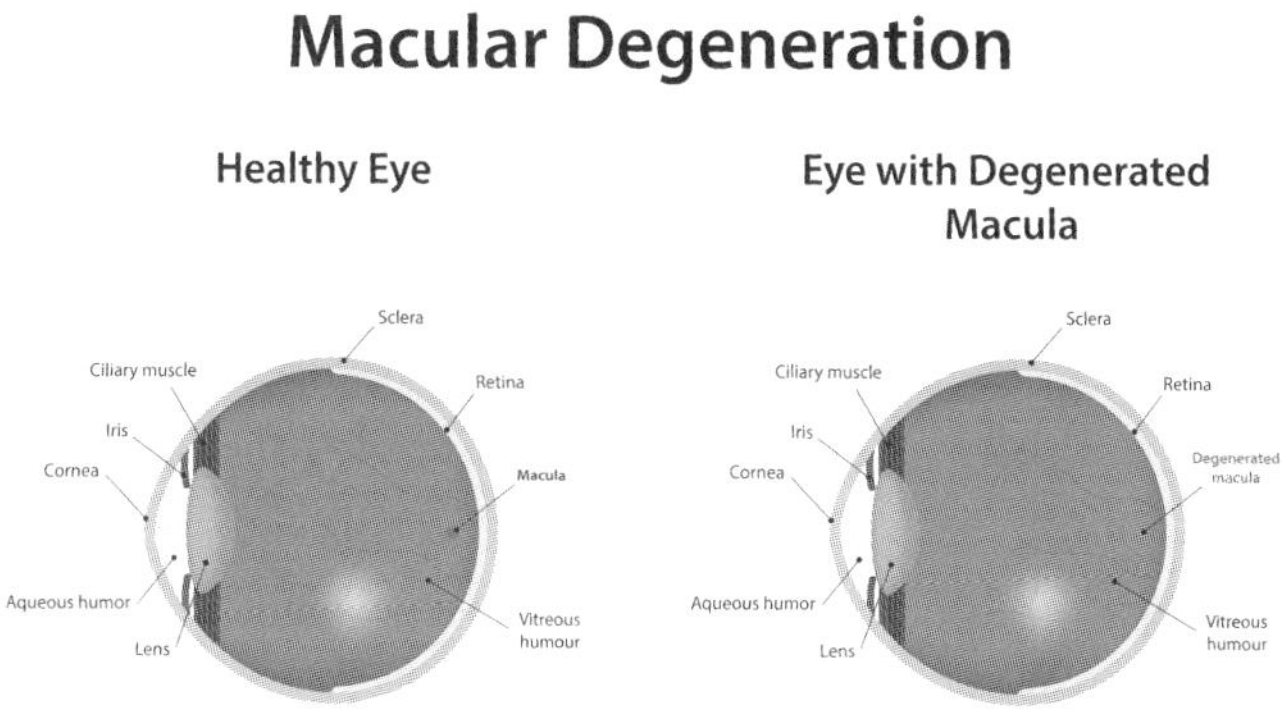

一方、黄色い花にもルテインを含むものがあります。そのうち、中南米で栽培されたマリーゴールドの乾燥花弁が米国へ輸出され、その抽出物が動物飼料として活用されることもあります。ニワトリの卵の黄身や肉の色合いを強めるためです。

このマリーゴールドの黄色い色素の大部分がルテインで占められています。後述するフレデリック・カチック博士はマリーゴールドの抽出物からルテインを単離・精製・再結晶化することに成功し、世界で初めて植物抽出物から得る精製ルテインの特許を取得したのです[4]。

その後、マリーゴールド由来のルテインはヒトの健康に資する食品成分として、わずか四半世紀の間に世界中で活用されるようになりました。

ルテインはヒトの体内では合成できないため、食品から日常的に摂取することが大切です。

ヒトの血中や母乳には食品に由来する様々なカロテノイドが含まれており、カチック博士によって25種類のカロテノイドと8種類のカロテノイド代謝物が発見されています。野菜や果物を豊富に摂取しているヒトの血清には、カロテノイドの中でもルテインが最も多く含まれていることも明らかにされています[5]。

食品由来のカロテノイドは、血清中で確認されただけではありません。ルテインに代表されるカロテノイドは眼のほか、肝臓、肺、乳房、子宮頸部、皮膚、大腸、前立腺など様々な器官や組織に蓄積していることもわかっています。

02 ルテイン研究の始まり

ルテインが発見されたのは1945年といわれています。ハーバード大学のウォルド博士によって、ヒトの網膜の黄斑部に黄色の色素が認められ、その後、その色素は酸素分子を含んだカロテノイドであり、ルテインまたはルテインを含む黄色系色素の総称であるキサントフィル類であろうと分かりました。ほ乳類の網膜でカロテノイドの存在が求められたのはこれが初めてのことです[6)]。

その後、1985年にボーン博士らが行った研究によって、これらの成分がルテインとその関連物質ゼアキサンチンとして同定されました[7)]。

こうした流れの後に、ルテイン研究の歴史において忘れられない人物が現れます。それが、フレデリック・カチック博士です。

03 フレデリック・カチック(Frederick Khachik)博士

カチック博士は1978年に英国マンチェスター大学で有機化学の博士号を取得した後、1983年からUSDA（United States Department of Agriculture：米国農務省）のヒューマンニュートリションセンターでカロテノイドの研究をスタートさせました。この当時はまだ、カロテノイドの分野に関する研究はほとんど行われていませんでした。

同博士がUSDAで仕事を始めたときに最初にしたことは、地元のスーパーマーケットに行って、そこにあるすべての野菜や果物を買い集めてくることでした。そして、それらを研究室に持ちこんで成分を抽出し、これらに含まれるオレンジ色のカロテノイド、β-カロテンの量を正確に調べました。

その結果、これらの食品や野菜にはβ-カロテンだけでなく、他の多くのカロテノイドも含まれていることがわかりました。彼は1983年から1989年にかけて、この研究で実に50種類以上のカロテノイドを発見しました。

フレデリック・カチック博士

カチック博士は1984年の国際カロテノイド会議で「緑黄色野菜に含まれるカロテノイドの分布」に関する研究結果を発表し、ルテインがこれらの食品に含まれる主要なカロテノイドであることを指摘しました。

彼のこの国際会議での発表が、ルテインが世界に注目されるきっかけです。

カチック博士のルテイン研究の途上には、こんなこともありました。1989年に、同博士の同僚で菜食主義者であった女性が、こう言いました。「わたしは菜食主義者で、あなたが研究している果物や野菜をたくさん食べています。わたしの血液を採って、分析をされてみてはいかがですか？」と。そこで博士は彼女の血液を採取し、分析しました。その結果、彼女の血液には大量のカロテノイドが含まれており、その主成分は黄色のルテインと赤色のリコピンだということがわかりました。

酸化ストレスはわたしたちの体で酸化反応を引き起こし、細胞に損傷を与えて酸化・炎症を引き起こします。実は、先ほどの同僚の女性の血液からはさらに、ルテインとゼアキサンチンの酸化生成物も見つかりました。カチック博士はルテインとその関連物質ゼアキサンチン、リコピンが酸化生成物を生成しているのであるならば、それらは優れた抗酸化能力を持っているに違いないと考えました。

カチック博士のこの考え方に反応し、最初に協力した人は、実は日本人でした。京都府立医科大学教授の西野輔翼《ほよく》氏です。カロテノイドの動物実験の経験が豊富だった西野氏が、動物モデルで試すことができるカロテノイドをカチック博士に提供したのです。カチック博士は早速、動物実験に取り組みました。

京都府立医科大学

やがてカチック博士は、カロテノイドががんの予防に有効であるという論文を発表します。そして、「非ビタミンA活性のカロテノイドが重要である」という考えに懐疑的だった科学者たちも、この論文をきっかけにカロテノイドに注目するようになったのです。

1990年、京都で開催された国際カロテノイド会議で、カチック博士は講演者として招待され、果物と野菜に含まれているカロテノイドが、実際にヒトの血液にどのように含まれるかについて講演しました。併せて、体系的にヒトのさまざまな臓器や組織にカロテノイドが含まれているかの分析結果も報告しました。

その頃、ルテインとその関連物質ゼアキサンチンが加齢黄斑変性（ＡＭＤ：Age-related Macular Degeneration）と呼ばれる眼疾患の予防に有益な効果があるかもしれない、という論文が提示されるようになりました。

そこでカチック博士は、ＮＥＩ（National Eye Institute：米国立眼科研究所）の科学者やユタ大学のポール・バーンスタイン博士とチームを組んで、ヒトのドナーから提供された眼の組織サンプルを使って調べてみました。すると、眼の組織からもルテインとゼアキサンチンの酸化生成物を発見することが出来ました。

これによって、眼の中でもルテインとゼアキサンチンが抗酸化機能を発揮していることがわかったわけです。この研究が、現在の「ルテインは眼の健康に資する」という流れを作った原点ともいえるものです。

その後、カロテノイドの抗酸化作用と抗炎症作用を示すために、いくつかの研究が行われ、人間の肌にもカロテノイドが発見されて日焼けやシワの予防に対しても、ルテインを含むカロテノイド全般が非常に重要な意味を持つということも示唆されました。

FDA（Food and Drug Administration：米国食品医薬品局）

またカチック博士は、こんな研究も行っています。同僚の2人とともにオリーブオイルを練りこんだベーグルパンに10㎎のルテインを塗って、3週間続けて食べてみました。そして、3人の採血をして血液を分析したところ、ルテインもゼアキサンチンも非常によく吸収されていることがわかりました。

続いて20㎎のルテインを塗って食べるという追試を行った結果、摂取するルテインの量と血液中のルテイン・ゼアキサンチン量の間に用量依存性があることが判りました。

カチック博士は、ルテインと非常によく似た構造のカロテノイドである関連物質ゼアキサンチンを使って行った研究を元に、ＦＤＡ（Food

and Drug Administration：米国食品医薬品局－日本の厚生労働省に当たる）のためにルテインとゼアキサンチンの安全性に関する詳細なレポートを書きました。
このレポートによって、ルテインを使ってヒト臨床研究をすることが可能になり、ヒトにおけるカロテノイドの機能性や用量の研究を加速させることになります。

04 エミリー・チュウ（Emily Chew）博士との出会い、そしてAREDS

ルテインに関する事実の発見にとって、さらなる幸運が続きます。カチック博士がNEI（National Eye Institute：米国立眼科研究所）のエミリー・チュウ博士と連絡を取ったところ、先方は「ルテインを20mgも摂取した眼に対して、カロテノイドの潜在的な問題や毒性を確認するために、あなたの眼を調べさせてください」とカチック博士に依頼しました。これがルテインの安全性の研究の出発点です。

チュウ博士は米国でも著名な眼科医かつ研究者で、β－カロテンを用いて行った歴史的な眼病研究、すなわちAREDS（Age Related Eye Disease Study：加齢性の眼疾患についての研究）を行ったことでも知られる人物です。

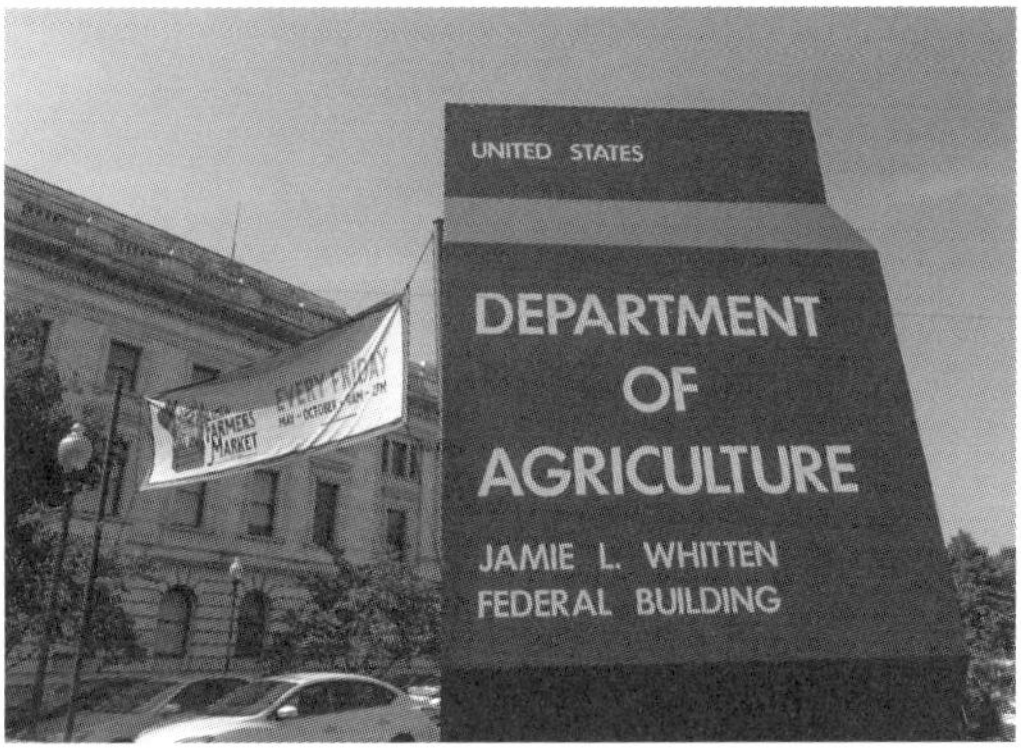

USDA（United States Department of Agriculture：米国農務省）

しかし、この時には彼女はまだ、ルテインが実際に眼に存在している事を把握していませんでした。ＮＥＩでチュウ博士がカチック博士の眼を調べて、20㎎のルテインの摂取が安全性の観点から問題がないことが、結果的に確認されたのです。

これがカチック博士とＮＥＩとの関係の始まりとなり、チュウ博士はカチック博士に「ＡＲＥＤＳでβ－カロテンを使ったので、次はルテインを使ってＡＲＥＤＳ２の研究をしてみませんか」と提案し、まずはパイロット試験を行おうということになりました。そこで、カチック博士は加齢黄斑変性のさまざまな段階にある45人の被検者を対象として、以下の研究を行いました。

まず、加齢黄斑変性患者を初期段階、中期段階、後期段階の3つのカテゴリーに分け、ルテインを2.5㎎、5㎎、10㎎の3パターンで摂取してもらいました。

その後、それぞれの血液サンプルを分析したところ、長期的なサプリメント摂取における適切な用量は10㎎であると判断されました。現在ルテインの推奨摂取量は1日当たり10㎎となっていますが、その根拠となったのは、この予備試験の際に提案された投与量です。

そして2006年、チュウ博士が主席研究員となり約4000人の被験者が参加した大規模なヒト臨床試験「AREDS2」が実施されました。その結果、加齢黄斑変性の予防におけるルテインとゼアキサンチンの効果が確認されました。

すなわち、カチック博士がFDAのために書いたレポートがAREDS2の実現に役立ったわけです。逆に言えばこのレポートがなければ、臨床試験を実施することは出来ませんでした。

もう1点、AREDS2にとってのポイントがあります。それは、この頃にはケミン社が商業規模でルテインを生産していたということです。この大規模研究に同社のルテインが提供されたことで、ルテインが眼の健康に資することの証明を可能にしたのです。

ケミン社の飼料添加物の部門では、すでにマリーゴールドの花びらからルテインを含む抽出物を活用していました。卵黄やニワトリの皮膚に黄色味を与える目的です。カチック博士はこのマリーゴールド抽出物からルテインの分離に成功し、製造特許を取得しました。

そして1996年からは、ヒト向け機能性素材を提供する部門であるケミンフーズが、カチック博士と共同でルテイン製剤の生産をスタートさせます。ケミンフーズではこれを『FloraGLO® ルテイン』と名づけました。ラテン語でFloraは花、GLOは輝くことを意味します。ケミンフーズのルテイン製剤は、「黄金色に輝くマリーゴールドの花から得たルテイン」のブランド名とともに、世界中に広がって行きました。

2021年、ケミンフーズを継いだケミンヘルスがFloraGLO® ルテイン誕生から25周年を記念して本書を作成しましたが、2006年にケミン社がAREDS2にこのルテイン製剤を提供出来たことは、非常に大きな意味を持ちます。もしもこの時点で彼らがFloraGLO®ルテインを生産していなければ、AREDS2を行うことは不可能だったのです。

ともあれ、いくつかの幸運が重なってAREDS2は実施されました。そして、そのポジティブな結果によりルテインと関連物質ゼアキサンチンの効用は一気に全米に広まりました。

やがてカチック博士は、USDAの人間栄養研究センターで約14年、メリーランド大学で約18年の研究生活を送った後、ケミン社に入社し現在でもカロテノイドの研究を続けています。

05 スチュアート・リッチャー(Stuart Richer)博士の功績

もう1人、ルテイン研究にとって忘れられないのがスチュアート・リッチャー博士です。

彼はLAST(Lutein Antioxidant Supplementation Trial:ルテインおよび抗酸化物質のサプリメント摂取研究)と呼ばれる研究を行ったオプトメトリスト(検眼医)で、

長年にわたり眼病の初期段階における検眼、そして抗酸化物質によるヒト介入試験の研究を行い、ルテインの摂取が加齢黄斑変性患者の視覚機能に有用性があることを初めて明らかにした人物です。

スチュアート・リッチャー博士

リッチャー博士は1994年のハーバード大学のセドン博士等が発表した研究、すなわち1日6㎎相当のルテインを食事から摂取していた人は加齢黄斑変性の発症リスクが低いという報告を踏まえ、加齢黄斑変性患者に対してケミン社のFloraGLO®ルテイン10㎎とアントシアニンなどの抗酸化物質、ビタミンやミネラルなど各種成分を含むソフトカプセル製剤を摂取してもらいました。そして、黄斑色素密度（Macular Pigment Optical Density：MPOD）の上昇、グレア機能の回復、コントラスト感度の改善が見られたことを発表しました。

彼はＬＡＳＴ研究の最初の結果を２００４年に発表しましたが、その後、ルテインがＭＰＯＤに及ぼす効果について追加解析を行い、ルテイン摂取の初期値が低い人ほど変化率が大きいことも確認し、これらの研究結果をOptometry誌２００７年５月号にて発表しました。

ちなみに、この研究で用いられたソフトカプセルや錠剤など、食品成分が医薬品に見られるような形状・剤型になっている場合、「サプリメント」という言葉で表現されます。

本来この言葉は補給・補充・補助など、「補うこと」の全般を指し示すものですが、現在では積極的に食品成分・栄養を摂取して人体に補う概念として広く知られるようになりました。したがって、ソフトカプセルや錠剤によって食品成分を補うことは、「サプリメント摂取する」という言い方がなされます。

リッチャー博士の研究は、多くの加齢黄斑変性患者にとって明るいニュースでした。このＬＡＳＴ研究が発表されるまで、加齢黄斑変性はいったん罹患すると不可逆的で、視機能を改善することは不可能だと考えられていました。また、食品成分が果たせる役割も限定的だと考えられていましたが、そこに希望の光を与えた最初の出来事になりました。

ここで特記すべきこととして、アメリカ国民のチャレンジ精神や愛国心といったものが挙げられます。リッチャー博士は、シカゴ退役軍人病院に勤務されていましたが、ＬＡＳＴ研究は米国の退役軍人の方々の多大な協力があったからこそできた研究であったという事実があります。

この研究がなされた時点では、医薬品とは異なり、サプリメントの介入試験で有効性が確認できるかどうかはいまだわからない状況でした。

そんな中、すでに加齢黄斑変性に罹患されている退役軍人の方々が、米国で増加しているこの疾患の予防や進行抑制につながるのであればという思いで、いわば多大なチャレンジ精神と愛国心をもって治験に協力されたということを、リッチャー博士は常に感謝されていたということが語り継がれているのです。

06 ポール・バーンスタイン博士によるキサントフィル結合たんぱくの発見

その後もルテイン研究は進みます。

ヒト網膜に、カロテノイドの代謝変換の過程で鍵となるルテインと、3'-epilutein（ルテイン・ゼアキサンチンの代謝物）の直接的な酸化生成物である3-hydroxy-β，ε-caroten-3'-oneが存在していることから、ルテイン・ゼアキサンチンが黄斑部を保護するために、短い波長の可視光線、特に青色光から守るために抗酸化機能を発揮する可能性があると示唆されました[8)]。

ルテインとゼアキサンチンは、ヒトの黄斑部に送られますが、体のどこかの組織が特定の化合物を特異的に選択的な取り込みをしている場合、結合タンパクが運搬プロセスに存在している可能性があると考えられました。

これを実証するために、ユタ大学のバーンスタイン博士の研究室で行われた研究により、ヒトの眼に2つのキサントフィル結合たんぱく質が同定されました。一つは、StARD3と呼ばれるもので、ルテインに特異的に結合する黄斑の結合たんぱく質として同定されています。StARD3はルテインに効果的かつ効率的に結合しますが、ゼアキサンチンおよびメソゼアキサンチンにはほとんど結合しません。

もう一つは、GSTP1と呼ばれる結合たんぱく質で、ゼアキサンチンに効果的かつ効率的に結合し、またメソゼアキサンチンにも結合します。GSTP1は、ベータカロテンなどの他のカロテノイドとの結合は不十分です。ルテインおよびゼアキサンチン、メソゼアキサンチンと特異的に結合する2つのたんぱく質が存在することは、黄斑内にこれらのキサントフィル類のカロテノイドが局所的に存在する理由を説明しています[9]。

2000年代に入ると、バーンスタイン博士らの研究グループは、当時はメリーランド大学に在籍していたカチック博士らと共同で、ヒトの眼組織におけるすべての食事由来のカロテノイドとそれらの酸化代謝物について同定・定量化を行いました[10]。

これらの研究結果から、眼に存在するルテインとその関連物質ゼアキサンチン、その他カロテノイド類が、光による酸化や老化から眼を保護する機能があることが裏付けられました。近年ではルテインの関連物質としてゼアキサンチンの研究も進んでいますが、ゼアキサンチンは常にルテインと共存している物質で、その機能性もルテインに極めて近いものがあります。したがって、これより先、単にルテインと記す場合でも、ルテインとその関連物質ゼアキサンチンの全体を指すものとご理解ください。

ここまで、ルテイン研究の始まりと展開を述べましたが、こうした営みを経て得られたルテインと人の健康との関係性について、以下に項目ごとに記します。

07 加齢性眼疾患（特に加齢黄斑変性や白内障）との関係性

欧米では失明原因として常にトップにあるのが加齢黄斑変性（AMD：Age-related Macular Degeneration）です。近年、日本でも食生活の欧米化と社会の高齢化によって患者数が急増しています。高齢者を中心とする疾患という意味で「加齢」の語が用いられていますが、最近では若年層での罹患も見られることから、単に「黄斑変性」と表現されることが多くなっています。これは、視覚をつかさどる網膜の中心領域の障害で起きる疾患で、失明の危険が高く非可逆的と言われており、治療が非常に難しい疾患の１つです[11]。

ルテインは、健康な黄斑と網膜を保つために大切な役割を担っている「黄斑色素密度」を高める働きがあります。リッチャー博士の項目でも述べましたが、これはＭＰＯＤ（Macular Pigment Optical Density）とも表現される指標で、黄斑の色素密度、すなわちルテイン量を指す眼科用語です。

黄斑は網膜の中心部に位置しており、物体をはっきりと見るために必要な、高解像の視覚に関係する重要な器官です。眼科の研究者の間では黄斑色素が網膜を守ると考えられており、眼の健康状態はＭＰＯＤによって測定されてきました。

ルテインは、光そのものを遮る役割があります。加えて、光の一部が細胞に達して酸化ダメージを受ける危険性が生じた場合でも、抗酸化作用によってこれを阻止します。

すなわち、ルテインは光を遮断するフィルター機能と抗酸化機能によって、加齢黄斑変性の予防に効果があると多くの研究結果から示唆されています。一方、水晶体は透明のたんぱく質とルテインで構成されています。光による酸化ダメージが長年蓄積されると、この透明なたんぱく質は白濁して白内障の原因になります。ルテインは水晶体においても光に対して防御的に働き、白内障の予防に貢献しています[12-37]。

これらが眼科領域において、ルテインの代名詞ともいえる機能性です。

08 ブルーライトとの関係性

前述のように「光から眼を防御すること」を考えるとき、ブルーライトという概念を知る必要があります。ブルーライトというのは、わたしたちが色彩として見る青色のネオン光などを指す言葉ではありません。可視光の中でも特に波長が短く高エネルギーで、眼に光酸化を引き起こす危険

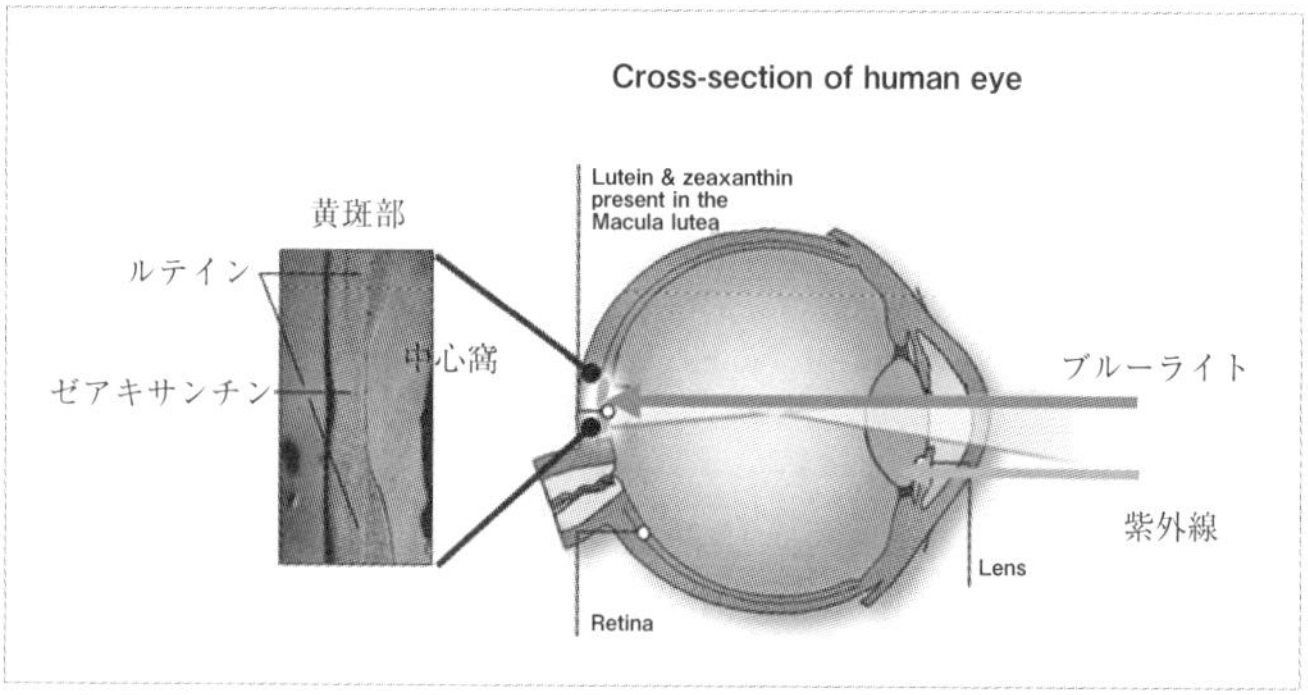

ケミン・ジャパン提供

性の高い光のことです。

自然光でも人工光でも、ほぼすべての光源でブルーライトが発せられていますので、ヒトの眼は一日中この光の危険にさらされています。しかし、眼そのものはブルーライトを遮断することができません。特に眼の黄斑部は、ブルーライトによるダメージを受けやすく、常に酸化の危険にさらされています。

近年は、スマートフォンやコンピュータの画面、ＬＥＤライトなどの普及によって、その危険性はますます増大していますが、これらブルーライトの活用には日本の技術者が深く関わっています。

そのこととも関連するのかも知れませんが、眼科学会におけるブルーライト研究においても、日本は先行していると言えます。詳しくは第4章で述べますが、実はルテインはこのブルーライトから眼を保護する役割があるのです。

ルテインには抗酸化作用があり、光のエネルギーで発生する活性酸素によるダメージから目を守ってくれる機能がもともとあります。それに加えてルテインはブルーライトを効率よく吸収し、無力化する性質もあるのです。すなわちルテインは、ブルーライトに囲まれて生活する現代人の眼を守るために、必須の栄養素と言うことができるのです。

09 脳機能との関係性

ルテインは脳内においても主要なカロテノイドであることが分かってきています。

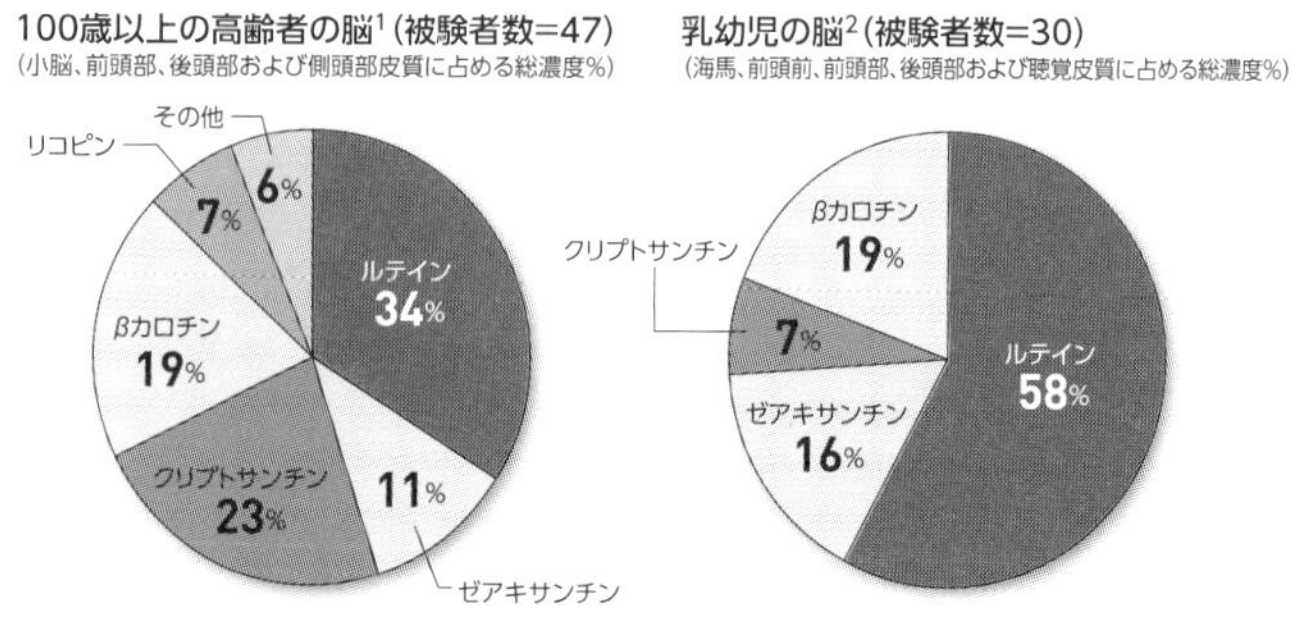

100歳以上の高齢者及び乳幼児の脳中のカロテノイド分布

ケミン・ジャパン提供

特に乳幼児の場合、全体のカロテノイド中の70％以上がルテインで占められています[38][39]。

これは、乳幼児が神経発達の段階で脳を保護する特定の栄養成分を必要としていることから、抗酸化作用や抗炎症作用があるルテインの濃度が高くなったのだと考えられています。

霊長類においては網膜中のルテイン量が多いと、脳中のルテインの量も多いことが明らかになりました[40]。また、眼の黄斑色素密度は脳内のルテイン濃度と相関がとても強いことも明らかになっています[41]。さらに、黄斑色素密度の高さと子供の認知能力[42]や記憶力[43]、学業成績[44]には正の相関性があることや、黄斑色素密度は情報処理速度と関係していることが報告されています[45]。

ルテインの摂取により血清中の濃度や黄斑色素密度が上昇しますが、「視覚記憶」という視機能と脳機能を結ぶ概念と言える項目が有意に改善されたことがわかりました[46]。また別の試験では言語学習能力の低下が抑えられることが確認され、言語学習の際に重要となる脳の部分、すなわち「左背外側の前頭前皮質」と「前帯状皮質」の活性化が高まったことがわかっています[47]。

脳内にはＤＭＮ（デフォルト・モード・ネットワーク）というネットワークがあり、脳内の様々な神経活動が、何もしないでぼんやりしている時に大量のエネルギーを使って行われています。この時、「内側前頭前野」、「後帯状皮質」、「海馬」などの離れた脳領域が同期・協調して働き、ネットワークでつながって活動します。

ルテインとゼアキサンチンはＤＭＮの機能統合を促進することによって、衰えていく脳の神経可塑性をサポートすると考えられています。神経可塑性とは、「脳が学習する仕組み」のことです[48-50]。

⑩ 妊婦や乳児の健康との関係性

ルテインは妊娠中の女性のほか、幼年期、成人早期にある男女にとっても大切です。特に妊婦の場合、妊娠の第二期から第三期における血漿中のルテインが上昇することが分かっています[51]。

また、臍帯血中にもルテインは含まれており、母体の血漿中のルテイン量は分娩後も保たれます[51-54]。母乳中にもルテインは含まれますが、その量は母体の摂取量に左右され、授乳中に減少していきます[55,56]。

一方、小児の場合、ルテインは眼や脳などの特定部位に蓄積されます[56,58,59]。これら臓器には多価の不飽和脂肪酸が多く含まれていますが、新生児には抗酸化酵素が不足しており[60]、ルテインがこれらの臓器で抗酸化作用や抗炎症作用などを発揮していると考えられます[61]。

また、ルテイン・ゼアキサンチンは細胞膜の中へ特定方向に入り込むことで、シナ

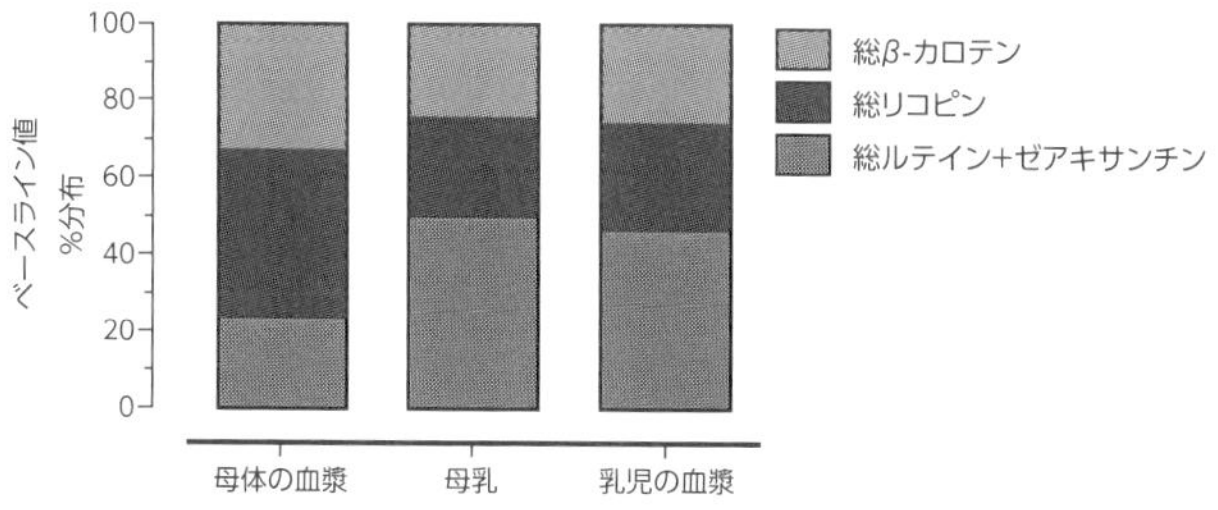

ケミン・ジャパン提供

プス膜の機能特性に影響します。網膜内で光の処理にとって重要となるギャップ結合伝達を促進することで、小児の視覚システム内の神経回路の発達にとっても重要と考えられています[62)63)]。

このように、ルテインは妊婦や乳児の健康に大きく関わっていますが、母乳についてもう少し詳しく見てみましょう。母乳に存在する最も豊富なカロテノイドはルテイン・ゼアキサンチンです。これは、乳房組織と母乳へのルテイン・ゼアキサンチンの優先的な取り込みがあることを示唆しており、ルテインとゼアキサンチンは母乳を介して乳児に移行するため、授乳を介して乳児におけるその血漿レベルが上昇することもわかっています[64)]。

実はルテインは乳児よりも前の段階、胎児では臍帯すなわちへその緒を通じて吸収されますから、ヒトは生まれる前からルテインを必要としていることが分かります。この事実を見るだけでも、ヒトの健康に対してルテインが持つ必須性を感じ取ることができるのではないでしょうか。当然ながら、育児粉乳にはルテインを配合するのが常識となってきていますが、安全性や有効性の観点から、世界中で選ばれているのはケミン社のFloraGLO®ルテインだけという事実があります。

11 肌の健康との関係性

肌は外から受けるさまざまな刺激に対して最初の防衛機能を発揮する場所であり、その担っている役割は決して少なくありません。

ルテインは肌の細胞を構成する成分の1つなのです。例えば、コラーゲンが年齢を重ねるごとに肌から失われていくことは広く知られていますが、ルテインも酸化や光ダメージから肌を守る作用により消費されてしまいます。しかし、経口摂取および塗布によってこれを補充することにより、肌の脂質酸化抑制や弾性の保護、光からの防護作用を促進することが動物実験とヒト臨床試験の双方で分かってきています。

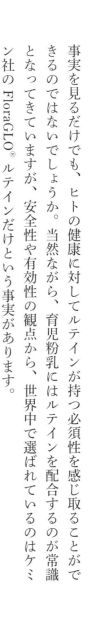

例えば、イタリア・ナポリ大学皮膚科学科のモルガンティ博士の研究グループが行った臨床試験では、様々な肌タイプの女性を対象としてルテイン・ゼアキサンチンを摂取・塗布させたところ、被験者の肌の水分量、脂質量、弾力性、光防護活性が共に増加したという結果が報告されています。また、ルテインが肌の光老化や皮膚がんの抑制につながる可能性に関しても研究が進められています[65)-80)]。

さらに、UVAやUVBは日焼け止めを使えば肌の深部まで届くことはありませんが、ブルーライトは肌を通過しながら深部まで到達し、光酸化ストレスを引き起こしてシミ・シワの原因になることがわかっています。

ルテインは紫外線により生成される活性酸素による光ダメージから肌細胞を守るだけでなく、ブルーライトを吸収する機能性によって、これらの有害な光から肌を守るのです。ルテインと言えば眼に対する健康効果が有名になり過ぎて肌への効果はあまり知られていませんが、実は美容食品にもルテインは広く使われています。そればかりではありません。ルテインは塗布する用途として、化粧品に配合されることも少なくないのです。

【参考資料】
1) Goodrow EF, Wilson TA, Houde SC, Vishwanathan R, Scollin PA, Handelman G, Nicolosi RJ. Consumption of one egg per day increases serum lutein and zeaxanthin concentrations in older adults without altering serum lipid and lipoprotein cholesterol concentrations. J Nutr. 2006 Oct;136(10):2519-24.
2) Wenzel AJ, Gerweck C, Barbato D, Nicolosi RJ, Handelman GJ, Curran-Celentano J. A 12-wk egg intervention increases serum zeaxanthin and macular pigment optical density in women. J Nutr. 2006 Oct;136(10):2568-73.
3) Khachik F. Distribution and metabolism of dietary carotenoids in humans as a criterion for development of nutritional supplements. Pure Appl Chem. 2006; 78(8): 1551-7.
4) Khachik F. Process for isolation, purification, and crystallization of lutein from saponified marigolds oleoresin and uses thereof. US Patent 5,382,714, Jan. 17, 1995.
5) Khachik F, Spangler CJ, Smith JC Jr, Canfield LM, Steck A, Pfander H. Identification, quantification, and relative concentrations of carotenoids and their metabolites in human milk and serum. Anal Chem. 1997 May 15;69(10):1873-81.
6) Wald G. Human vision and the spectrum. Science. 1945 Jun; 101(2635):653-658.
7) Bone RA, Landrum JT, Tarsis SL. Preliminary identification of the human macular pigment. Vision Res. 1985;25(11):1531-5.
8) Khachik F, Bernstein PS, Garland DL. Identification of lutein and zeaxanthin oxidation products in human and monkey retinas. Invest Ophthalmol Vis Sci. 1997 Aug;38(9):1802-11.
9) Li B, Human ocular carotenoid-binding proteins, Photochem Photobiol Sci. 2010 Nov; 9(11): 1418–1425.
10) Bernstein PS, Khachik F, Carvalho LS, Muir GJ, Zhao DY, Katz NB. Identification and quantitation of carotenoids and their metabolites in the tissues of the human eye. Exp Eye Res. 2001 Mar;72(3):215-23.
11) Fujiwara K, Prevalence and Risk Factors for Polypoidal Choroidal Vasculopathy in a General Japanese Population: The Hisayama Study, Semin Ophthalmol. 2018;33(6):813-819.
12) Hammond BR Jr, Wooten BR, Snodderly DM. Density of the human crystalline lens is related to the macular pigment carotenoids, lutein and zeaxanthin. Optom Vis Sci. 1997 Jul;74(7):499-504.
13) Lyle BJ, Mares-Perlman JA, Klein BE, Klein R, Greger JL. Antioxidant intake and risk of incident age-related nuclear cataracts in the Beaver Dam Eye Study. Am J Epidemiol. 1999 May 1;149:801-9.
14) Chasan-Taber L, Willett WC, Seddon JM, Stampfer MJ, Rosner B, Colditz GA, Speizer FE, Hankinson SE. A prospective study of carotenoid and vitamin A intakes and risk of cataract extraction in US women. Am J Clin Nutr. 1999 Oct;70(4):509-16.
15) Brown L, Rimm EB, Seddon JM, Giovannucci EL, Chasan-Taber L, Spiegelman D, Willett WC, Hankinson SE. A prospective study of carotenoid intake and risk of cataract extraction in US men. Am J Clin Nutr. 1999 Oct;70(4):517-24.

16) Gale CR, Hall NF, Phillips DIW, Martyn CN. Plasma antioxidant vitamins and carotenoids and age-related cataract. Ophthalmology. 2001 Nov;108(11):1992-8.
17) Olmedilla B, Granado F, Blanco I, Vaquero M. Lutein, but not alpha-tocopherol, supplementation improves visual function in patients with age-related cataracts: a 2-y double-blind, placebo-controlled pilot study. Nutrition. 2003 Jan;19(1):21-4.
18) Vu HT, Robman L, Hodge A, McCarty CA, Taylor HR. Lutein and zeaxanthin and the risk of cataract: the Melbourne visual impairment project. Invest Ophthalmol Vis Sci. 2006 Sep;47(9):3783-6.
19) Rodríguez-Rodríguez E, Ortega RM, López-Sobaler AM, Aparicio A, Bermejo LM, Marín-Arias LI. The relationship between antioxidant nutrient intake and cataracts in older people. Int J Vitam Nutr Res. 2006 Nov;76(6):359-66.
20) Christen WG, Liu S, Glynn RJ, Gaziano JM, Buring JE. Dietary carotenoids, vitamins C and E, and risk of cataract in women: a prospective study. Arch Ophthalmol. 2008 Jan;126(1)：102-9.
21) Moeller SM, Voland R, Tinker L, Blodi BA, Klein ML, Gehrs KM, Johnson EJ, Snodderly DM, Wallace RB, Chappell RJ, Parekh N, Ritenbaugh C, Mares JA; CAREDS Study Group; Women's Helath Initiative. Associations between age-related nuclear cataract and lutein and zeaxanthin in the diet and serum in the Carotenoids in the Age-Related Eye Disease Study, an Ancillary Study of the Women's Health Initiative. Arch Ophthalmol. 2008 Mar;126(3):354-64.
22) Dherani MK, Murthy GV, Gupta SK, Young I, Maraini G, Camparini M, Price GM, John N, Chakravarthy U, Fletcher A. Blood levels of vitamin C, carotenoids and retinol are inversely associated with cataract in a north Indian population. Invest Ophthalmol Vis Sci. 2008 Apr 17.
23) Seddon JM, Ajani UA, Sperduto RD, Hiller R, Blair N, Burton TC, Farber MD, Gragoudas ES, Haller J, Miller DT, Yannuzzi LA, Willett W. Dietary carotenoids, vitamin A, C, and E, and advanced age-related macular degeneration. JAMA. 1994;272:1413-20.
24) Bone RA, Landrum JT, Dixon Z, Chen Y, Llerena CM. Lutein and zeaxanthin in the eyes, serum and diet of human subjects. Exp Eye Res. 2000 Sep;71(3):239-45.
25) Bone RA, Landrum JT, Mayne ST, Gomez CM, Tibor SE, Twaroska EE. Macular pigment in donor eyes with and without AMD: a case-control study. Invest Ophthalmol Vis Sci. 2001 Jan;42(1):235-40.
26) Beatty S, Murray IJ, Henson DB, Carden D, Koh H, Boulton ME. Macular pigment and risk for age-related macular degeneration in subjects from a Northern European population. Invest Ophthalmol Vis Sci. 2001 Feb;42(2):439-46.
27) Mares-Perlman JA, Fisher AI, Klein R, Palta M, Block G, Millen AE, Wright JD. Lutein and zeaxanthin in the diet and serum and their relation to age-related maculopathy in the third national heatlh and nutrition examination survey. Am J Epidemiol. 2001 Mar 1;153(5):424-32.
28) Snellen EL, Verbeek AL, van den Hoogen GW, Cruysberg JR, Hoyng CB. Neovascular age-related macular degeneration and its relationship to antioxidant intake. Acta Ophthalmol Scand. 2002 Aug;80(4):368-71.

29) Bernstein PS, Zhao DY, Wintch SW, Ermakov IV, McClane RW, Gellermann W. Resonance Raman measurement of macular carotenoids in normal subjects and in age-related macular degeneration patients. Ophthalmology. 2002 Oct;109(10):1780-7.

30) Richer S, Stiles W, Statkute L, Pulido J, Frankowski J, Rudy D, Pei K, Tsipursky M, Nyland J. Double-masked, placebo-controlled, randomized trial of lutein and antioxidant supplementation in the intervention of atrophic age-related macular degeneration: the Veterans LAST study (Lutein Antioxidant Supplementation Trial). Optometry. 2004 Apr;75(4):216-30.

31) Koh HH, Murray IJ, Nolan D, Carden D, Feather J, Beatty S. Plasma and macular responses to lutein supplement in subjects with and without age-related maculopathy: a pilot study. Exp Eye Res. 2004 Jul;79(1):21-7.

32) Moeller SM, Parekh N, Tinker L, Ritenbaugh C, Blodi B, Wallace RB, Mares JA; CAREDS Research Study Group. Associations between intermediate age-related macular degeneration and lutein and zeaxanthin in the Carotenoids in Age-related Eye Disease Study (CAREDS): ancillary study of the Women's Health Initiative. Arch Ophthalmol. 2006 Aug;124(8):1151-62.

33) Nolan JM, Stack J, O'Donovan O, Loane E, Beatty S. Risk factors for age-related maculopathy are associated with a relative risk of macular pigment. Exp Eye Res. 2007 Jan;84(1):61-74.

34) Richer S, Devenport J, Lang JC. LAST II: Differential temporal responses of macular pigment optical density in patients with atrophic age-related macular degeneration to dietary supplementation with xanthophylls. Optometry. 2007 May;78(5):213-9.

35) SanGiovanni JP, Chew EY, Clemons TE, Ferris FL 3rd, Gensler G, Lindblad AS, Milton RC, Seddon JM, Sperduto RD. The relationship of dietary carotenoid and vitamin A, E, and C intake with age-related macular degeneration in a case-control study: AREDS Report No. 22. Arch Ophthalmol. 2007 Sep;125(9):1225-32.

36) Obana A, Hiramitsu T, Gohto Y, Ohira A, Mizuno S, Hirano T, Bernstein PS, Fujii H, Iseki K, Tanito M, Hotta Y. Macular carotenoid levels of normal subjects and age-related maculopathy patients in a Japanese population. Ophthalmology. 2008 Jan;115(1):147-57.

37) Tan JS, Wang JJ, Flood V, Rochtchina E, Smith W, Mitchell P. Dietary Antioxidants and the Long-term Incidence of Age-Related Macular Degeneration The Blue Mountains Eye Study. Ophthalmology. 2008 Feb;115(2):334-41.

38) Johnson et al. Relationship between Serum and Brain Carotenoids, α -Tocopherol, and Retinol Concentrations and Cognitive Performance in the Oldest Old from the Georgia Centenarian Study. Journal of Aging Research. Volume 2013; Article ID 951786, 13

39) Ohno-Matsui K. Prog Retin Eye Res. 2011; 3(4):217-238.

40) Vishwanathan et al. Nutr Neurosci. 2013 January ; 16(1):

41) Vishwanathan et al, Nutr Neurosci. 2016;19(3):95-101.

42) Walk A et al. Int J Psychophysiol. 2017 August; 118: 1-8.

43) Hassevoort K et al. J Pediatr. 2017 Apr; 183:108-11.

44) Sasha M et al. Nutritional Neuroscience Vol. 21 Iss. 9(2017)632-640.
45) Renzi et al. Ophthalmic and Physiological Optics 2010; 30(4):351-7.
46) Renzi et al. Nutrients 2017; Volume 9: 1246.
47) Lindbergh et al. J Int Neuropsychol Soc 2017 23, 1-14.
48) Lindbergh et al. Brain Imaging Behav 2020 Jun;14(3):668-681.
49) Ceravolo et at. 2019 Mol Nutr Food Res: e1801051
50) E. Garcia-Rill et al. Transl. Brain Rhythm. 2016, 1, 7.
51) Oostenbrug GS, et al. Br J Nutr 80:67-73, 1998.
52) Kiely M, et al. Eur J Clin Nutr 53: 711-715, 1999
53) Yeum KJ, et al. J Am Coll Nutr 17: 442-447, 1998
54) Yamini S, et al. Eur J Clin Nutr 55: 252-259, 2001
55) Sherry C, et al. J Nutr. 144: 1256-1263, 2014
56) Zielinska Nutrients. 2017 Aug 4;9(8)
57) Vishwanathan R. et al. J Pediatr Gastroenterol Nutr. 2014
58) Bone RA, et al Invest Ophthalmol Vis Sci 29: 843-849, 1988
59) Johnson E. Nutr Rev. 2014 Sep;72(9):605-12
60) Buonocore, et al. Biology of the Neonate, 79:180-6, 2001
61) Mares J. Lutein and Zeaxanthin Isomers in Eye Health and Disease Annu Rev Nutr. 2016 Jul 17; 36: 571-602
62) Gruszecki WI, Carotenoids in Health and Disease. New York: Marcel Dekker, Inc. 151-163, 2004.
63) Stahl W, Biofactors, 15:95-98, 2001
64) Sherry, J. Nutr. 144: 1256-1263, 2014
65) Scientific Opinion of the Panel on Dietetic Products Nutrition and Allergies on a request from the European Commission of the 'suitability of lutein for the particular nutritional use by infants and young children'. The EFSA Journal 823: 1-24, 2008.
66) Food Standards Australia New Zealand: Addition of Lutein as a Nutritive Substance to Infant Formula. https://www.foodstandards.gov.au/code/applications/Documents/A594%20Lutein%20FAR%20FINAL.pdf
67) Proposed Draft Revision of the Advisory List of Nutrient Compounds for use in Foods for Special Dietary uses Intended for Infants and Young Children. Codex Committee on Nutrition and Foods for Special Dietary Uses. http://www.fao.org/tempref/codex/Meetings/CCNFSDU/ccnfsdu28/nf28_06e.pdf

68) Faulhaber D, Ding W, Granstein RD. Lutein inhibits UVB radiation-induced tissue swelling and suppression of the induction of contact hypersensitivity (CHS) in the mouse (Abstract). The Society of Investigative Dermatology, 62nd Annual Meeting, Washington D.C., 2001, p. 497.
69) Morganti P, Bruno C, Guamen F, Cardillo A, Del Ciotto P, Valenzano F. Role of topical and nutritional supplement to modify the oxidative stress. Intl J Cosmet Sci. 2002 Dec;24(6):331-9.
70) Heinrich U, Gärtner C, Wiebusch M, Eichler O, Sies H, Tronnier H, Stahl W. Supplementation with beta-carotene or a similar amount of mixed carotenoids protects humans from UV-induced erythema. J Nutr. 2003 Jan;133(1):98-101.
71) González S, Astner S, An W, Goukassian D, Pathak MA. Dietary lutein/zeaxanthin decreases ultraviolet B-induced epidermal hyperproliferation and acute inflammation in hairless mice. J Invest Dermatol. 2003 Aug;121(2):399-405.
72) Lee EH, Faulhaber D, Hanson KM, Ding W, Peters S, Kodali S, Granstein RD. Dietary lutein reduces ultraviolet radiation-induced inflammation and immunosuppression. J Invest Dermatol. 2004 Feb;122(2):510-7.
73) Dorgan JF, Boakye NA, Fears TR, Schleicher RL, Helsel W, Anderson C, Robinson J, Guin JD, Lessin S, Ratnasinghe LD, Tangrea JA. Serum carotenoids and alpha-tocopherol and risk of nonmelanoma skin cancer. Cancer Epidemiol Biomarkers Prev. 2004 Aug;13(8):1276-82.
74) Morganti P, Fabrizi G, Bruno C. Protective effects of oral antioxidants on skin and eye function. Skinmed. 2004 Nov-Dec;3(6):310-6.
75) Heinrich U, Tronnier H, Stahl W, Béjot M, Maurette JM. Antioxidant supplements improve parameters related to skin structure in humans. Skin Pharmacol Physiol. 2006;19(4):224-31.
76) Palombo P, Fabrizi G, Ruocco V, Ruocco E, Fluhr J, Roberts R, Morganti P. Beneficial long-term effects of combined oral/topical antioxidant treatment with the carotenoids lutein and zeaxanthin on human skin: a double-blind, placebo-controlled study. Skin Pharmacol Physiol. 2007;20(4):199-210.
77) Astner S, Wu A, Chen J, Philips N, Rius-Diaz F, Parrado C, Mihm MC, Goukassian DA, Pathak MA, González S. Dietary lutein/zeaxanthin partially reduces photoaging and photocarcinogenesis in chronically UVB-irradiated Skh-1 hairless mice. Skin Pharmacol Physiol. 2007 Aug 24;20(6):283-291.
78) Heinen MM, Hughes MC, Ibiebele TI, Marks GC, Green AC, van der Pols JC. Intake of antioxidant nutrients and the risk of skin cancer. Eur J Cancer. 2007 Dec;43(18):2707-16.
79) A Double-Blind Placebo-Controlled Study on the Effects of Lutein and Zeaxanthin on Photostress Recovery, Glare Disability, and Chromatic Contrast
80) van Poppel G. Carotenoids and cancer: an update with emphasis on human intervention studies. Eur J Cancer. 1993;29A(9):1335-44.

12 AREDSとAREDS2

さて、これまで眼、脳、母と幼児、肌とルテインの関係性について述べましたが、ここで今一度、眼にスポットを当てて詳説します。ルテインの研究で忘れてはならないものとして1992年と2006年に米国で行われた大規模研究、AREDSとAREDS2があります。ここではこの2つの研究を振り返ります。

◎AREDS

1980年代、亜鉛や抗酸化物質を含有するサプリメントの摂取によって、加齢黄斑変性の早期から後期への移行が予防できるのではないかと考えられ始めていました。

そこで、1986年にNIH（National Institute of Health：米国国立衛生研究所。

理由は不明ですが、Healthを「衛生」と和訳する通例がありますので、これを踏襲します）の下部組織であるＮＥＩ（National Eye Institute：米国国立眼病研究所）は、これらのサプリメントの効果を確認するために大規模な前向きコホート研究ＡＲＥＤＳ（Age-Related Eye Disease Study）を計画し、プロトコールが完成された１９９２年に研究がスタートしました[1)]。

コホートとは英語で「共通因子を持った集団」という意味です。このことから、特定の疾病要因に関わる集団とそれに無関係の集団を作り、疾病要因と発症の関係性を調べることをコホート研究といいます。プロトコールとは、臨床試験の計画書のことです。

このＡＲＥＤＳで使われたサプリメントは、酸化亜鉛80㎎、抗酸化物質としてビタミンＣ５００㎎とビタミンＥ４００ＩＵ、そしてβ－カロテンが15㎎でした。

この時は、試験途中で喫煙者ではβ－カロテン摂取によって肺がんおよび心血管病のリスクが上昇するということが明らかになり、１９９６年、参加者のうち喫煙者に対しては投薬中止するか、β－カロテン以外の投与群への変更が行われるというアクシデントもありました。

被験者は合計３６４０人で、亜鉛投与群、抗酸化物質投与群、亜鉛および抗酸化物質投与群で、加齢黄斑変性後期への進行が75〜80％程度に抑制できることがわかりました。しかし、加齢黄斑変性後期をより軽度な滲出型と重度な萎縮型に分けて検討した結果、亜鉛および抗酸化物質の摂取によって、滲出型への進行は抑制できるものの、萎縮型への進行は抑制できないということも併せて発表されています。

また、参加者からのアンケートによって、普段の食生活でのルテイン・ゼアキサンチンといったカロテノイドやＤＨＡ（ドコサヘキサエン酸）・ＥＰＡ（エイコサペンタエン酸）といったオメガ３系の不飽和脂肪酸の摂取量を計算した結果、その摂取量と加齢黄斑変性の発症・進行との間に相関が認められることも証明されました。この結果がＡＲＥＤＳ２につながっていきます。

◎AREDS2

ＡＲＥＤＳ開始時、ルテイン・ゼアキサンチンの効果についても検証を行うべきとの意見がありましたが、その当時はまだルテイン・ゼアキサンチンはケミン社によって商業生産されておらず、ＡＲＥＤＳのプロトコールには含まれませんでした。

そこで、加齢黄斑変性の発症・進行抑制の可能性があると考えられたルテイン・ゼアキサンチンにＤＨＡ・ＥＰＡを加え、この眼疾患の早期から後期への進行抑制効果を検証するために、ＡＲＥＤＳ２が２００６年に開始されました[2)]。ここでは、ケミン社とパートナー会社になったＤＳＭ社が展開するルテイン・ゼアキサンチンのブランド原料が選ばれました。FloraGLO®ルテインとZeaOne®ゼアキサンチンです。この研究もＡＲＥＤＳと同様、ＮＥＩ（米国国立眼科研究所）によって実施されました。

ＡＲＥＤＳ２では４２０３人の加齢黄斑変性の早期患者が被験者として登録され、プラセボ投与群、これら４成分の全ての同量投与群の４群に振り分けられて解析が行われました。

これら４群すべての参加者に、ＡＲＥＤＳと同じく、ビタミンＣ５００㎎、ビタミンＥ４００ＩＵ、β－カロテン15㎎、酸化亜鉛80㎎が投与されました。加えて、ＡＲＥＤＳで課題として残ったβ－カロテンの必要性と亜鉛の投与量について再検討を行うために、これら食品成分の投与量に変化を付けて、比較研究しました。それは、①

ビタミンＣ（５００mg）＋ビタミンＥ（４００ＩＵ）＋β－カロテン（15mg）＋酸化亜鉛（80mg）、②ビタミンＣ（５００mg）＋ビタミンＥ（４００ＩＵ）＋ベータカロテン（15mg）＋酸化亜鉛（25mg）、③ビタミンＣ（５００mg）＋ビタミンＥ（４００ＩＵ）＋酸化亜鉛（80mg）、④ビタミンＣ（５００mg）＋ビタミンＥ（４００ＩＵ）＋酸化亜鉛（25mg）の４群です。

この試験を通じて確認されたことは、食事からのルテイン摂取量が低い加齢黄斑変性の患者がサプリメントでルテイン10mg、ゼアキサンチンを２mg摂取し続けたところ、この眼疾患の進行リスクを30％近く抑制することができたという画期的なものでした。

さらに、ＡＲＥＤＳの課題であったβ－カロテンの有無および亜鉛の投与量に関しては、後期加齢黄斑変性への進行に影響を与えていないということもわかりました。

結果として、加齢黄斑変性の発症・進行抑制のために推奨される食品成分の組み合わせとしては、ビタミンＣ（５００mg）＋ビタミンＥ（４００ＩＵ）＋酸化亜鉛（25mg）

＋ルテイン（10㎎）＋ゼアキサンチン（2㎎）がベストである、と報告されました。

ただし、加齢黄斑変性後期をより軽度な滲出型と重度な萎縮型とに分けて検討したところ、やはり滲出型への進行は抑制できるものの、萎縮型への進行は抑制不可能という結果となりました。

◎AREDSにより眼科領域で市民権を獲得

今一度、指摘します。これらの試験を通じて確認されたことは、毎日の食事摂取の中でルテインの摂取量が低かった黄斑変性の患者が、サプリメントでルテイン10㎎、ゼアキサンチンを2㎎飲み続けたところ、この眼疾患の進行リスクを30％近く抑制することができたという画期的なものでした。

この研究はＮＥＩが支援して行われ、結果発表は２０１３年でした。その日を境に、日本でも「ルテインはいよいよ眼科学会で市民権を得た」と表現されるようになりました。ＡＲＥＤＳの結果、加齢黄斑変性の進行を抑制すると位置づけられたビタミン・ミネラルに加えて、ルテイン10㎎とゼアキサンチン２㎎も眼科医の推奨する食品成分

ルテイン及びゼアキサンチンの摂取量が低い群において、26％の加齢黄斑変性進行リスク低減

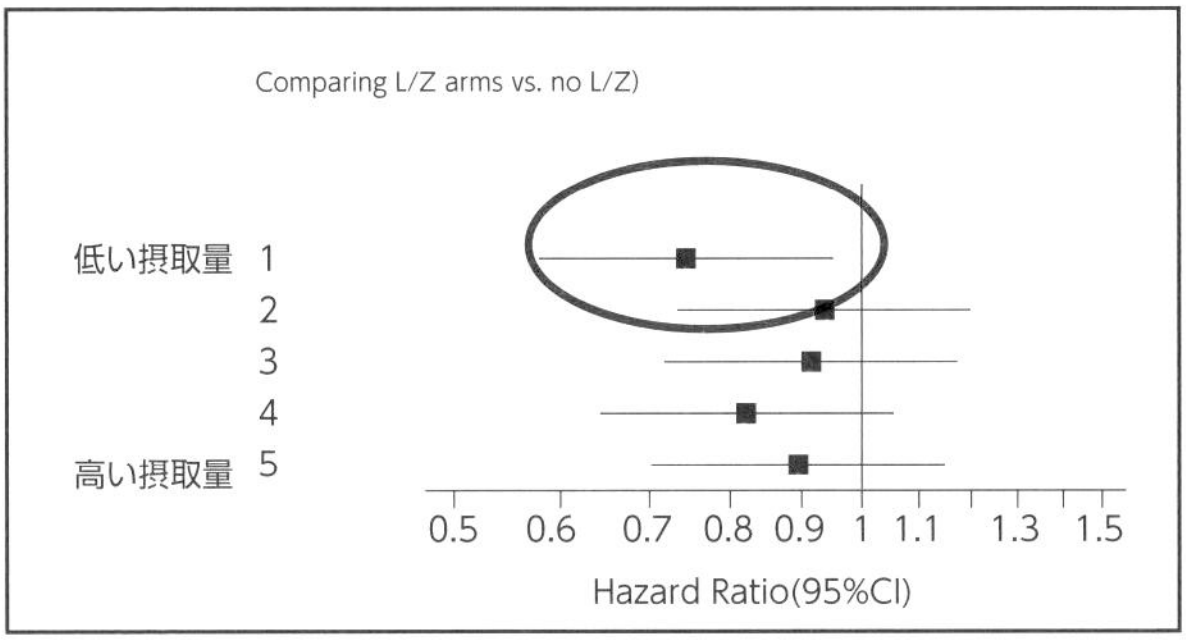

ケミン・ジャパン提供

となりました。こうして、ルテイン・ゼアキサンチンの信頼度は格段に高まったのです。

ここで重要なことは、AREDSの結果によって、眼科医を始めとする医療従事者が機能性を持つ食品成分の有効性を積極的に啓発したことです。特に米国では、DSHEA（Dietary Supplement Health and Education Act：営業補助食品による健康増進とその消費者への啓発に関する法）という法律の存在もあいまって、消費者の間でも機能性を持つ食品成分についての正しい情報収集と伝達の傾向が強まりました。現在良く使われる表現で言うと、消費者の間で健康に資する食品成分に対して科学的リテラシーが高まった、ということになります。

もう一点、ＡＲＥＤＳ２についての補足があります。普段の食事から多くのルテイン・ゼアキサンチンを摂取している被検者の場合、この成分をサプリメント摂取で追加しても、有意差は見られませんでした。このことは、食品成分を用いて介入試験を行うことの難しさをよくあらわしています。しかし一方で、健康のために必要な食品成分は本来、食事から摂取するのが好ましいです。よって、ＡＲＥＤＳ２の結果を通して、わたしたちは大切な事実を知ることができました。それは、ルテイン・ゼアキサンチンを普段あまり摂取していない人は、それを意識的に摂取することによって、加齢黄斑変性の進行を抑制できるという事実です。普段の食事の内容に留意しながらも、不足しがちな食品成分を意識的に摂取することを心がけることによって、疾病リスクは軽減出来ることがわかったのです。

【参考資料】
＊ Age-Related Eye Disease Study Research Group.A randomized, placebo-controlled, clinical trial of high-dose supplementation with vitamins C and E,beta carotene, and zinc for age-related macular degeneration and vision loss : AREDS report no. 8.Arch Ophthalmol. 2001 ; 119 : 1417-1436.
＊ Age-Related Eye Disease Study 2 Research Group. Lutein + zeaxanthin and omega-3 fatty acids for age-related macular degeneration : the Age-Related Eye Disease Study 2（AREDS2） randomized clinical trial. JAMA. 2013 15 ; 309 : 2005-2015.

13 ルテイン・ゼアキサンチンの信頼度、さらに高まる──ハモンド研究

ＡＲＥＤＳ２に続き、２０１４年にビリー・ハモンド博士を中心としたグループが米国で行った試験は、ルテイン・ゼアキサンチンの眼科領域でのポジションを確固たるものにしたといってよいでしょう。

この試験は健常者を対象に１日当たりルテイン10㎎、ゼアキサンチン２㎎を１年間続けて摂取させたもので、１１５人の被験者はプラセボ群58人、ルテイン＋ゼアキサンチン摂取群57人に分けてランダム化され、３カ月ごとに、血中のルテイン濃度とＭＰＯＤ（Macular Pigment Optical Density：黄斑色素密度）、光ストレスからの回復度、そして４６０㎚の背景下での色コントラスト感度の測定が行われました。

その結果、黄斑部中心から10、30、60、１０５分離れた距離の黄斑色素密度が上昇し（10' P< 0.0001, 30' P< 0.0001, 60' P= 0.006, 105' P= 0.0004）、また、血中のル

テイン・ゼアキサンチンの濃度も摂取群はプラセボ群に対して3カ月おきの検査ごとに増加し、1年間を通じて観察しても増加傾向にありました。

さらに、摂取群はプラセボ群と比較して、色コントラスト感度が有意に改善（P=0.03）することもわかりました。結論としてルテイン10㎎とゼアキサンチン2㎎のサプリメント摂取では、血液中のルテイン・ゼアキサンチンの濃度を上げるとともに、MPODを増加させ、光ストレスを改善させることがわかりました。これらの結果は、MPODを増やすことによって視覚機能が改善されるという過去の研究結果とも一致しています。

また、グレア光を使ったコントラスト感度評価（glare disability test）という評価指標を用いて人が感じる「まぶしさ」に関する評価を行った結果、プラセボ群とルテイン・ゼアキサンチン併用摂取群の間で統計学に有意な差は認められなかったものの、黄斑色素密度とグレア不能改善の相関関係が認められました（P=0.03）。

さらに、ルテイン10㎎およびゼアキサンチン2㎎を1年間摂取した群では、黄斑色素密度の変化と視覚機能を検証に含んだ形で顕著な改善が認められました（それぞれ、

P=0.002, P=0.013)。これらは、ルテイン・ゼアキサンチン摂取による黄斑色素密度の増加が網膜の細胞を損傷させる危険性の高い短波長光の吸収に寄与するため、また感光色素への影響のような局所での代謝効果のためと考えられます。

結論として、ルテイン・ゼアキサンチン摂取による黄斑色素密度の増加は、錐体細胞・桿体細胞から短波長光を遮るフィルター機能を果たすことにより、光ストレスからの回復を促進し､色コントラスト感度を改善することが確認されました。ルテイン・ゼアキサンチンの摂取が視覚機能の維持に有効な手段であると再認識されたのです。

ルテイン・ゼアキサンチンは体内で合成されませんので、何らかの食品から補うしかありません。十分な量のルテイン・ゼアキサンチンを摂取し、網膜の中心である黄斑部色素密度を濃く保つことが、眼の健康にとって極めて重要なことなのです。

【参考資料】
＊ Hammond B. R.et al.,Invest. Ophthalmol. Vis. Sci.,55,8583-8589（2014）.
＊ Hammond B. R., Journal of Ophthalmology volume2015, ArticleID607635.
＊ Hammond B. R., Fletcher L. M.,Am. J. Clin. Nutri.,96,1207S-1213S（2012）.
＊ Renzi L. M., Hammond B. R. Jr.,Ophthalmic. Physiol. Opt.,30,351-357（2010）.

14 健常な日本人による黄斑色素密度のヒト試験

これまで、主に米国でのルテイン・ゼアキサンチン研究を見てきましたが、わが国における研究についても触れておきます。それは、28歳から58歳までの健常な日本人22名を対象とした前向き無作為化二重盲検試験です。

1日当たりルテイン10㎎、ゼアキサンチン0・08㎎を3カ月間サプリメントで摂取させたところ、その結果、黄斑色素密度が有意に上昇することが確認されました。それまで日本人によるこうした試験は行われておらず、健常人を用いた初めての試験として意義深いものです。これは、機能性表示食品の制度とも深い関わりがあります。外国で行われた試験の結果が日本人にも適用して考えることができるか、ここではルテイン・ゼアキサンチンの摂取により日本人でも黄斑色素密度を上げることができるのか、という「外挿性」と呼ばれる問題について説明する際、参考とされる試験なのです。

15 ルテイン研究の歴史を経て得られた重要な事実

◎ルテイン・ゼアキサンチンの品質保証と安全性

以上、ヒトの健康に対するルテインの有効性研究の歴史を見てきましたが、その経緯において、他にも重要な事実が分かりました。まずはルテインの安全性について記します。

ルテイン・ゼアキサンチンは米国ではＧＲＡＳ物質（Generally Recognized As Safe：一般に安全とみなされる物質）として認定されています。また、ＦＡＯ（Food and Agriculture Organization：国連食糧農業機関）とＷＨＯ（World Health Organization：世界保健機関）が合同で食品添加物の安全性について評価する委員会においても、ルテイン・ゼアキサンチンは取り上げられています。このＪＥＣＦＡ（The Joint FAO/WHO Expert Committee of Food Additives：合同食品添加物専門家委員会）と呼ばれる委員会は、２００４年6月にスイスのジュネーブで行われた第63回会議において、ルテイン・ゼアキサンチンの1日のＡＤＩ（Acceptable Daily Intake：摂取許容量）を体重1kg当たり0〜2mg／kgまでと設定しました。これは体重が70kgの人であれば一日あたりおよそ１４０mgの摂取に相当します。

同会議においてＪＥＣＦＡは、ケミン社によって提出されたFloraGLO®ルテインの規格に基づき、ルテインの純度と独自性について新しい規格を定めました。これらの規格は、FloraGLO®ルテインが適切な品質のものであり、一貫した製造が可能で、毒性試験で用いられたものと同等であることを保証することになりました。この一日あたりの摂取許容量は、規格に引用されたFloraGLO®ルテインより低い含有量のルテインやゼアキサンチンには適用されません。

ケミン社のルテイン・ゼアキサンチンを使用したヒト臨床試験は１００回以上実施されていますが、深刻な有害事象は報告されていません。また、それらのヒト臨床試験の中には、数種の医薬品を服用している中高年者を用いた試験もありますが、ルテイン・ゼアキサンチンが医薬品の効果に影響を及ぼしたという報告もありません。こうした事実によって、現在ではＪＥＣＦＡは、ケミン社のルテイン・ゼアキサンチンのＡＤＩの上限値は撤廃しています。

ちなみに、２００６年から開始された大規模臨床試験のＡＲＥＤＳ２を行うにあたり、FloraGLO®ルテインを試験で投与する処方量の60倍、通常の米国人が摂取するルテイン量の１５０倍から３００倍の量を、ヒトと同じ網膜の構造を持つアカゲザルに１年間投与して、毒性がないかどうかを調べました。試験を行ったのはカチック博士でしたが、毒性について全く問題が無いと確認されました。

この安全性試験によりFloraGLO®ルテインの高い安全性が確保されたことで、ＮＥＩ（米国国立眼科研究所）はＡＲＥＤＳ２の実施を決定したということは特筆すべき事実です。

【参考資料】

＊ Khachik et al. J. Invest. Ophthalmol. Vis. Sci., 2006, 47, 5476-86.

◎ルテインの推奨摂取量

近年は眼科医も加齢黄斑変性の進行抑制対策の一つとして、ルテイン・ゼアキサンチンの摂取を推奨する機会が増えています。

ＡＲＥＤＳ２の試験結果、また、ハモンド論文の結果等から総合的に判断すると、健康なＭＰＯＤ（黄斑色素密度）レベルを保ち、コントラスト感度改善やブルーライト等の光ストレスからの緩和機能を期待する場合には、１日当たりルテイン10㎎とゼアキサンチン２㎎を摂取することが合理的と考えられています。

なお、２０１４年に慶應義塾大学で行われた55名の日本人の健常者を対象にした研究では、食事から摂取されたルテインは０・００２㎎から７・82㎎で平均値が１・52㎎となっており、上記の推奨摂取量にまったく足りていません。すなわち、普段の食事のみでルテイン10㎎とゼアキサンチン２㎎の推奨量を摂取することは現実的ではなく、サプリメントなどを意識的に摂取することも議論にあがるようになりました。

【参考資料】
＊ Nagai N.et al.,Retina,35,820-826（2015）.

◎ケミン社のルテイン・ゼアキサンチンのまとめ

さて、この章の最後にＡＲＥＤＳ２でも使用されたケミン社のFloraGLO®ルテインとZeaOne®ゼアキサンチンをご説明します。なお、ケミン社のパートナー会社であるＤＳＭ社が展開する『Optisharp Natural』というブランドは、ZeaOne®ゼアキサンチンの別名です。

◎FloraGLO®ルテイン

サプリメントに用いられることの多い、マリーゴールド由来のルテイン原料です。現在では青汁など加工食品にも配合され、健康に資する食品成分の積極的な補給のため活用されています。それは25年にわたり研究が重ねられ、安全性と有効性を確立したケミン社のルテインブランドです。

マリーゴールドの花弁から抽出された、一般的な食品に存在するルテインと同じ吸収性を示しており、ケミン社の高い安全・品質管理の下、世界中に供給されています。米国の眼科医が光のダメージから眼を保護するために推奨しているブランドはFloraGLO®ルテインです。このFloraGLO®ルテインとZeaOne®ゼアキサンチンを配合したサプリメントを使って世界的に臨床研究がなされており、眼の健康に寄与するゴールド スタンダードとなっています。

FloraGLO®ルテインは、２０２１年に25周年を迎えました。１００本以上の試験論文に支えられ、世界で最も研究されたルテインブランドです。

FloraGLO®ルテインに期待される機能としては、

＊有害なブルーライトの過剰暴露から目を保護する
＊ブルーライトに関連する目の疲れや目のダメージを軽減する
＊年歳を重ねても健康な視機能の維持をサポートする

「FloraGLO®ルテイン」

＊より鮮明な視機能をもたらし、夜間の光によるまぶしさを軽減する
＊まぶしい光にさらされた後の視機能の回復をサポートする
＊加齢黄斑変性に罹患するリスクとその進行を軽減する
＊白内障に罹患するリスクと進行を軽減する

などがあげられます。これらの表示はＦＤＡ（米国食品医薬品局）やＥＦＳＡ（欧州食品安全機官）などで採用されているほか、日本でも一部の機能性表示が申請され、受理されています。

ケミン社独自のルテイン製造工程は、過去25年間にわたり開発・改良されてきました。原料のマリーゴールドの花はインドで栽培され、細心の注意を払って摘み取られ、乾燥後にペレットと呼ばれる塊にされてから一次的な抽出物が出来上がります。その後、アイオワ州デモインのケミン社に運ばれ、不純物を含まないFloraGLO®ルテインに加工されます。

製造工程の各ステップにおいてはルテインが分解されないように慎重に管理されて

おり、品質の一貫性が維持されています。ちなみに、ケミン社のマリーゴールドは、GAP（Good Agricultural Procedures：適正な農業工程の規範）に準拠して栽培されており、cGMP（current Good Manufacturing Procedure;s 最新の適正な製造工程の規範。一般的なGMPよりも綿密な規範）に準拠して製造されています。

FloraGLO®ルテインは体内への吸収性の良いルテインで、一般的な果物や野菜に存在するルテインと同じ化学構造です。また、ルテイン摂取の臨床試験でこれまで最大規模のAREDS2でFloraGLO®ルテインが選ばれたことは前述の通りです。すでに、黄斑色素密度（MPOD）を増加させ、維持することが確認されています。

◎ZeaOne®ゼアキサンチン

ルテインの類縁物質ゼアキサンチンも眼に沈着して黄斑色素を構成し、眼の機能を健康な状態に保ちます。

ゼアキサンチンは、もともとトウモロコシ、カボチャ、ピーマンなどの一般的な野菜に含まれています。ゼアキサンチンとルテインは一緒に摂取することによって、有

「ZeaOne® ゼアキサンチン」ロゴマーク

害なブルーライトを遮断し視覚機能の質を高めます。

FloraGLO® ルテインとZeaOne® ゼアキサンチンがサプリメントに配合された場合に、以下のことが臨床試験で確認されています。それは、

＊強い光から目が早く回復するのを助ける
＊視覚機能の質を高める
＊過剰なブルーライトを遮断する
＊進行性の黄斑変性（ＡＭＤ）の進行抑制に役立つ

などです。これらの表示はFloraGLO® ルテインと同じくＦＤＡ（米国食品医薬品局）やＥＦＳＡ（欧州食品安全機関）等で採用されています。また、日本の機能性表示食品制度においても、その機能性表示が届出され受理されています。

また、ZeaOne®ゼアキサンチンもFloraGLO®ルテインと同様、FDAからGRAS認証を受けたマリーゴールドの花由来の最初の食用ゼアキサンチンであり、妊婦での安全性も評価された最初のブランドでもあります。

多数の臨床試験の結果、目の健康を保ち、良質な視覚機能にするには、10㎎のルテインと同時2㎎のゼアキサンチンの同時摂取が推奨されています。

体内ではこれらを合成することはできませんので、食事またはサプリメントで補給することが重要です。ところが、ほとんどの人はルテインとゼアキサンチンを含む果物や野菜を十分に摂れていないのが実情です。

食事やサプリメントから摂取したゼアキサンチンは吸収されたあと眼や脳、肌に選択的に沈着し、母乳にも移行します。ゼアキサンチンにも不純物を含まないフリー体とそうでないものがありますが、ZeaOne®ゼアキサンチンは前者です。このフリー体ゼアキサンチンのみが血流に直接吸収されて各組織に移行し、その機能を発揮します。

第2章

日本の「健康食品」の夜明けとケミン・ジャパン誕生

第1章では、ルテインが主に米国の研究者たちによって研究され、ケミン社によって広められて来た経緯を記しましたが、それは日本ではどのように普及されて来たのでしょうか。このことを紹介するためには、まず日本における「健康食品」のあり方について述べる必要があります。

01 日本の「健康食品」の夜明け

さて、時計の針を20世紀終盤、まさに昭和から平成に時代が移る1990年代まで戻してみることにしましょう。

何といっても日本の「健康食品」を考える上で忘れられない出来事は、1984年（昭和59年）に文部省（現在の文部科学省）によって始められた食品の機能性についての研究と、その流れを受けて1991年（平成3年）に誕生した「特定保健用食品（トクホ）制度」です。

食品の機能性についての研究では、足掛け11年をかけて3つの研究プロジェクトが展開しました。すなわち、「食品機能の系統的解析と展開」（藤巻正生代表：1984〜1986年（昭和59〜61年）、「食品の生体調節機能の解析」（千葉英雄代表：1988〜1990年（昭和63〜平成2年）、「機能性食品の解析と分子設計」（荒井綜一代表：1992〜1994年（平成4〜6年）の3つです。ここでは、多くの食品素材から生体調節機能に関わる食品成分が見出されて、食品機能の新しい分類法が定義されました。

具体的には、健康を栄養面から維持・増進させる働き（一次機能）、味や臭いなど嗜好に関わる感覚面での働き（二次機能）、通常の栄養の領域を越えた、いわゆる非栄養素の食品成分による生理学面での生体調節の働き（三次機能）の3つが定義され、これらの概念が1987年の厚生白書に示されました。

特に三次機能は、その鍵となる食品成分が非栄養素に分類されるものであったことや、糖尿病、脂質代謝異常、肥満などの生活習慣病、アレルギーなどの免疫疾患や〝がん〟などの予防にも踏み込みました。これを国の予算でまかない医農連携によって推進しようしたことは世界的でも例をみない体系的研究でもあったことから、日本国内よりも世界で注目を集める結果となりました。

１９９３年にネイチャー誌は、「日本は食と医の境界に踏み込む」（Japan explores the boundary between food and medicine）と報じたほどです。（Nature. 1993 Jul 15;364(6434)：180.）

しかし、日本における「健康食品」の本格的な夜明けは「特定保健用食品（トクホ）」の誕生よりもう少し遅く起こります。そのために１９９６年（平成8年）の市場開放問題苦情処理体制（ＯＴＯ：Office of Trade and investment Ombudsman）から始まった「ビタミン・ミネラル等食品成分の食薬区分からの段階的な緩和」と、２００１年の「食品の形状撤廃」の2つが大きな契機となりました。

戦後、一気に経済回復を遂げた日本経済と相反する形で、米国の対日貿易は恒常的に赤字に転換しました。これによって米国から日本への圧力は一気に強まり、日本は米国に対して輸出を自主規制するようになりました。それは１９７２年の繊維製品から、1977年の鉄鋼・カラーテレビ、1980年代に入ると農産物（米・牛肉・オレンジ）や自動車にまで拡大されていきました。

加えて、日本のあらゆる市場の閉鎖性によって米国企業が参入しにくかったこともあり、日米間の貿易のほとんどの分野で摩擦が生じ、米国ではジャパンバッシングが起きていました。


そんなさなか、1996年（平成8年）3月26日にOTOから出されたのが、「基準・認証制度等に係る市場開放問題についての意見」です。その中には「栄養補助食品の位置づけの明確化と規制の緩和」という項目が用意されていました。これが日本の「健康食品」の夜明けにつながる2つの契機になるのです。

具体的には「医薬品と食品の区分方法について、中長期的には、食品素材や成分に対する規制の緩和を含め、栄養補助食品を新しいカテゴリーとする対応を取ることを検討する。形状（剤型）の制限については、消費者において自ら正しい選択ができ、両者を混同しないように明確に食品（栄養補助食品）としての適切な表示がなされれば、廃止または大幅な緩和を行う」。また、「表示の制限については、適切な摂取方法や栄養補助的効能、注意表示等について、消費者が自分に必要なものを的確に選択できるような表示を可能とする」ということでした。

この時代の米国では、１９９０年に栄養表示教育法（ＮＬＥＡ：Nutritional Labeling and Education Act）、続いて１９９４年にはサプリメント法（ＤＳＨＥＡ：Dietary Supplement Health and Education Act）が制定されました。それは事後届け出による機能性表示が事実上解禁されたことを意味しましたので、米国のサプリメント市場が一番成長していた時代でもありました。

しかし、日本ではビタミンやミネラル、アミノ酸、そのほかの食品成分のほとんどが当時の薬事法（現：薬機法）によって医薬品の範疇であったために、米国のサプリメントを日本で販売することはできませんでした。

そこで、米国からこれらの食品成分を食品のカテゴリーとして自由に販売できるようにすること、そして、それまで食品には認められていなかった丸錠剤やカプセル形状も食品として認めるようにという圧力がかかったわけです。

これに伴って、１９９７年（平成9年）には13種類のビタミンが、１９９８年（平成10年）には１６８種類のハーブ類（生薬）が、そして、１９９９年（平成11年）には12種類のミネラルが医薬品の範疇から外れ、食品として販売することが可能になりました。

そして、２００１年（平成13年）にはアミノ酸23種類も食品としての販売が可能になり同時に、それまで食品では認められなかった丸錠剤とカプセルの解禁、いわゆる「形状撤廃」が実施されました。こうして、ビタミン、ハーブ類（生薬）、ミネラル、アミノ酸が丸錠剤やカプセルの形状に配合され、「健康食品」として販売されるようになったのです。

以上、ケミンヘルスのアジア拠点であるケミン・ジャパン誕生の直前に、日本の「健康食品」が経験した夜明けについて述べました。ケミン・ジャパンは後述するリーダー・橋本正史とナンバー2である村上敦士によって設立され運営されて来た会社ですが、その話題に転ずる前に、「健康食品」というものについてもう少し掘り下げます。

これは村上へのインタビューから得られた視座ですが、彼はかつて健康食品の業界紙記者として活躍し、ケミン・ジャパンへの参加後は橋本とともに「健康食品」の発展のために東奔西走している人物です。そんな彼が業界紙記者として、またケミンのスタッフとしてさまざまな専門家から得た情報を総合して気づいた「健康食品」とは何か？　という問い、そしてそれに対する答えを、本書作成の意義を深めるため以下に記します。

前述のように、「健康食品」の健康効果を語る上で障壁となったのは薬機法（医薬品、医療機器等の品質、有効性及び安全性の確保等に関する法律）ですが、その源流は明治維新直後に制定された１８７３年の「薬剤取締之法」に遡ります。

この明治の冒頭の時代には、それまでの「クスリ」の定義が大きく転換されます。西洋文明の吸収とともに、化学技術を用いて精製された１００％ケミカルのファーマシューティカルこそがクスリと定義されたのです。

江戸時代までは漢方薬や生薬のほか、ニンニクや梅などに由来する食品成分もクスリとして認識されていましたが、明治時代にそれらは「ファーマシューティカル＝医薬品」と比較して一段下の地位に貶められ、現代からすれば不当な扱いを受けるようになりました。

しかし、同じことは、その西洋文明の発信者であるキリスト教圏でも起こります。それまでのハーブ、生薬、食品成分など（以下、ハーブ類と記します）といったものではなく、アスピリンやトランキライザーなどが医薬品として定義されました。

ところがキリスト教圏では、ハーブ類の知識体系は脈々と受け継がれます。キリスト教会は薬草を栽培し、それを煎じたものや丸剤などは人々の健康を維持するのに長い間活用されて来ました。そして、教会の関係者はこうしたハーブ類の知識を書物として遺しています。

時が流れて20世紀の後半になると、予防医療が注目されこれらの知識が再び求められるようになりました。その時、キリスト教圏では医薬品の研究者たちがこぞって、教会系の大学や病院でハーブ類について学ぶことができたといいます。

一方、日本で江戸時代までに漢方薬などを取り扱っていたのは、寺院です。「薬師寺」や「薬院」という言葉に見られるように、寺院はキリスト教会と同じく、薬草の栽培や活用が行われており、当時のクスリの知識が集積された場所だったのです。

考えてみれば、宗教者が人々の健康を実現させるためクスリを扱うのは当たり前ですね。「痛いの痛いの飛んで行け」というお祈りと物理的に作用するクスリの双方をもって、人々の健康に寄与するのが宗教者の重要な使命だったわけです。これはイスラム医学やヒンズーにおけるアーユルヴェーダでも同様だったろうと考えられます。

さて、日本における明治時代の課題は、江戸時代からの大転換を断行して西洋文明を吸収することでした。鎖国を開国に、士農工商の身分制を四民平等の民主制にして、富国強兵のスローガンのもと国家を発展させることでした。いや、もっと差し迫った言い方をすれば、列強の植民地として分割されることなく、西洋と同じ強国の仲間入

奈良薬師寺

りを果たすことでした。富国強兵とは極論すれば、身分から解放された大量の労働者によって大砲や軍艦を作ること、また軍人を増やして軍隊を増強することを意味します。

よって寺院の職務領域は、主に葬儀とお墓の管理＝お祈り部分に縮小され、クスリの管理は新設の薬剤師が担うことになります。余剰の寺院関係者は工場労働者や軍人になり、富国強兵のために働くことが求められたのです。

すなわち、日本では寺院が薬草を栽培・活用し、その知識を書物にまとめて受け継いで行くという歴史は失われていきました。やがて20世紀の後半になり、キリスト教圏で予防医療に注目が集まった時でも、日本では医薬品の研究者たちの中から、薬草や食品成分について学ぼうという動機が生まれにくかったと見られます。それを学ぶキリスト教会系の学究機関のような場所も、日本では限られていたのです。

１００％ケミカルのファーマシューティカルと薬草・食品成分が、病気の治療と予防医療という形で共存するモデルを想定しやすかったキリスト教圏。医薬品こそヒトの健康に寄与するのだという見解が根強い日本。これが、東西の先進地域の大きな違いとなって現れています。

日本において１９８４年の食品の機能性研究、１９９１年の特定保健用食品（トクホ）の誕生といった動きが順風満帆に進捗したと言い難いのは、こうした歴史的背景に起因しています。漢方薬や生薬、食品成分が医薬品と比較して常に下位に位置づけられていたわけですから、「健康食品」はそれらと同様か、あるいはまったく論外の〝まがい物〟といった印象で受け止められてきたのです。

国家が主導し、国民が導かれる。言い換えれば、官が民を導くスタイル……。欧米と比較して日本は、その傾向が強い歴史を歩んできました。健康を得るための「クスリ」

についても国家が主導し、明治以来の定義でそれは「ファーマシューティカル＝医薬品」とされ、それ以外の健康に資するものには光が当たりにくい状況が続きました。
しかし、後述しますが現在では、「特定保健用食品（トクホ）」制度の反省に立ち、「機能性表示食品」制度が生まれ、順調に成長しています。漢方薬、生薬、ハーブ、食品成分といったものが、医薬品と共存して国民の健康増進に本格的に寄与できる時代が、ついにやってきたのです。

自分たちにとって重要な諸課題を、国まかせ、お役所まかせにする時代は終えなければなりません。最重要の課題の一つと言える健康増進についても、国民側・業界側も主体的に考え、責任ある行動をとることが求められています。わたしたちは自らの健康増進、ひいてはＱＯＬの向上のために、いったい何ができるのか。明治の先輩たちとは異なる国家課題に取り組みながら、この令和の時代を生きるべきなのでしょう。

ケミンヘルスのアジア拠点であるケミン・ジャパンでは創設以来、こうした取り組みを継続しています。機能性表示食品制度の立ち上げの際に同社社長の橋本正史は、

「健康食品」に関連する業界団体の一つであるＡＩＦＮ（The General Incorporated Association of International Foods and Nutrition：一般社団法人 国際栄養食品協会）の理事長として協力しました。２０２１年現在では、ＡＩＦＮを含む６つの業界団体を糾合したＪＡＯＨＦＡ（Japan Alliance Of Health Food Association：一般社団法人健康産業協議会）の会長として、行政や諸団体と協力しながら先述の課題に取り組んでいます。

02 ケミン・ジャパン誕生 ～友好的ヘッド・ハンティング～

さて、本章の冒頭で記しましたように、日本の「健康食品」の業界には、世紀末に大きなうねりが押し寄せていました。こうした中、２０００年にケミン・ジャパンは誕生するのですが、その主人公となったのは、橋本正史という人物です。

光洋商会という食品素材の貿易商社があります。１９５４年に創立され、世界の一流メーカーの安全かつ健康的な自然素材だけを扱うことがモットーで、令和の今でも

橋本正史氏

堅実な営業を続けている会社です。

ここで営業の最前線で活躍していたのが、橋本です。後のケミン・ジャパンの代表となることは、この時は誰も知る由はありません。

英語が堪能な橋本は世界各国を飛び回って、自然由来で安全かつデータも伴った食品素材を探し、日本での販売にこぎつける仕事に没頭していました。が、当時はキャロットジュースや加工デンプンなど、どちらかといえば一般食品原料の分野で動いていました。

そんな中で橋本は、当時日本ではほとんど知られていなかった「ルテイン」という食品成分に出会います。その供給元であるケミン社の初代社長ロッド・オーシッチと、副社長のチャック・ブライスが、ルテインを光洋商会に広めてもらおうとの目的で来日したのです。

この時、プレスに向けたインタビュー記事にもオーシッチとブライスは応じていますが、たまたま光洋商会側の通訳担当者が風邪をひき、急きょ橋本がその役割を担うことになりました。この偶然の出来事が、後のケミン・ジャパン設立の大きなきっかけとなるのですが、その説明は後に譲ります。


橋本はマリーゴールドから抽出されたこの自然由来の食品成分を知れば知るほど、その魅力に心魅かれるようになりました。

しかし、唯一の問題といえば、このルテインの良さをどのように日本で広めていくかということでした。当時、日本ではトクホ制度が誕生していたとはいえその許可数は微々たるもの。食品成分の機能性やすばらしさをストレートに宣伝・広告する手段はありませんでした。そのため、健康食品業界では、ともすれば法律違反も辞さない過剰な宣伝・広告、消費者への乱暴な販売手段が横行していました。

そうした業界のあり方を決して良しとしない橋本は、もし自分がこのルテインを広げるなら、顧客に丁寧に説明し納得を得て購入いただくような、業界や消費者に確実に浸透させるのにな、と考えるようになっていきます。

そんな橋本に惚れ込んだのが、先のケミンヘルス初代社長ロッド・オーシッチです。ケミン・ジャパンに栄養部門を立ち上げ、日本でのルテイン普及を任せられる人物……。白羽の矢が立ったのが、橋本でした。

ところが、橋本はケミンヘルスのルテイン販売を開始した光洋商会の重要な人物です。おいそれと「はい！」と言ってもらえるとはもちろん思っていません。

そこで、オーシッチは直談判で橋本と光洋商会を口説きにかかります。もちろん最初の答えは「NO」。当然と言えば当然です。食品成分を原料商品として製造している企業が、自社品を売ってくれている、言わば一心同体ともいえる商社の人間をヘッドハンティングしようとしているわけですから。

しかし、オーシッチはわざわざ光洋商会の社長を説得するために来日して、根気よく説得を続けました。オーシッチが光洋商会に説明したことは次の3点でした。現地法人を作ってもルテインの販売機能を持つことはなく今後も光洋商会を通して販売すること、ケミン社が日本でルテイン販売を拡大させていくためには将来を見据えてどうしても現地法人が必要なこと、そのためにぜひ橋本が必要なことです。そして、光洋商会と橋本はついにオーシッチに口説き落とされたのです。

２００１年、橋本は光洋商会を円満退社してケミン・ジャパンの国際事業開発部長兼米国ケミンヘルスアジア市場担当取締役に就任、ここから日本でのルテインの本格的な販売活動が始まりました。その後ルテインは日本で着実に実績を積み上げ、押しも押されぬ機能性を持つ食品成分へと成長しオーシッチのこの賭けは大成功となるのですが、それはもう少し後のお話になります。

03 ケミン・ジャパン誕生　～もう1枚のピース～

いくら橋本が優秀でも、ルテイン普及という一大プロジェクトを１人で賄うことはさすがに難しい。どうしてももう一人強力なスタッフがほしい……。できれば橋本とはまったくタイプの違う、業界に明るい人間――。

村上敦士氏

そんな都合のいい話は本来ありません。しかし、神様はそうした人間を橋本の前に遣わしたのです。しかもそれは、抜群のタイミングでした。ケミン・ジャパンに用意されたもう1枚のピース、それが村上敦士という人物です。

当時村上は、健康食品の業界紙『健康産業新聞』の記者として活躍していました。1975年に創刊された同紙は健康食品業界の業界紙の先駆けとなり、他にも『食品と開発』や『ダイエット&ビューティ』などの独自媒体を刊行し、多種多様の展示会なども積極的に開催していました。健康食品業界をけん引していたメディアといっても過言ではありません。

その後CMPジャパン、UBMジャパン、インフォーマ・マーケッツ・ジャパンと時代とともに社名は変わっていきましたが、その存在は脈々と現在にまで受け継がれています。

さて、その『健康産業新聞』の数ある記者の中でも、フットワークの軽さと独特の嗅覚に裏付けされた取材能力で頭一つ抜けていた村上は、たびたび取材や情報交換で訪れていたケミン・ジャパンの橋本とすでに気心が知れた人間関係を築いていました。

明朗快活な性格で、健康食品業界の業界情報の表も裏にも詳しく、物事を俯瞰的に判断できる村上を、今度は橋本が日本でのルテインの普及のもう一人のキーマンとして白羽の矢を立てたというわけです。

こちらのほうの説得は比較的円滑に進んだようです。村上によると、橋本に「ケミン・ジャパンに来ないか?」と誘われた時、彼は「その言葉を待っていましたよ」という捉え方で耳を傾けたといいます。

というのも、村上は当時、取材の過程でこのルテインに極めて明るい将来性を感じていたからです。数多くの機能性を持つ食品素材の中でも、ルテインの持つエビデンスの確かさから、市場性を嗅ぎ取っていたと本人は回顧します。そして、初代社長オーシッチ、副社長ブライス、さらには橋本の人間的な魅力も感じ取っていたそうです。

実は村上は、『食品と開発』がオーシッチとブライスのインタビューを光洋商会の同席のもと行う際、プレス側の通訳として参加し、『健康産業新聞』でも二人を紹介しています。彼は当時、海外展示会の視察ツアーへの同行、海外情報の翻訳と記事化など、英語の素養を用いて活動する記者でもあったのです。したがって村上と橋本は、プレス側とルテイン販売を担う商社側の、それぞれの通訳の立場で初めて出会ったのです。

村上は言います。偶然にも光洋商会側の通訳担当者が風邪をひき、急きょ橋本がその役割を担うということが起こらなければ、ルテインとケミン・ジャパンが辿ったその後の歴史も無かった。だからこの日の出来事を不思議な気持ちで思い直すことがある。こういうのを運命的と言うのか、と。

運命に導かれるようにして村上は、その日インタビューしたケミンという会社に所属する二人のアメリカ人に強い印象を持つとともに、橋本の人柄にも何とも言えない心地良さを感じたといいます。もとより記者として、ルテインという食品成分を高く評価していた村上です。米国で誕生し、グローバルに広がり始めた新しい食品成分ルテインを、日本に普及させるというパイオニアとしての仕事は、ここまで記者としての人生を歩んできた自分にとっても極めて魅力的に感じられる。そこにオーシッチ、ブライス、橋本の魅力が加わって、村上のケミンを見る目は特別なものになっていたのです。

ですから、やがて橋本からケミンへの参加を誘われた時、村上は「その言葉を待っていましたよ」との受け止め方ができたわけです。

こうして、ケミン・ジャパンの人的体制は整いました。この後もケミン・ジャパンには幾人かのスタッフが参加しますが、始まりの段階から今日までを考えると、主たるピースは橋本と村上だったと言えます。二人のルテインを普及させる闘いは、こうして幕が開きました。

04 闘いの始まり！　出鼻をくじかれた日本でのルテインの普及活動

ケミン・ジャパンが最初に固めた方針は、アカデミアや行政にルテインの食品成分の機能性や安全性を伝え、またそれを活用した「健康食品」の役割をきちんと理解してもらうことでした。

もちろん、橋本も村上もそれが簡単なことではないことは百も承知でした。あえて茨の道を選んだことになります。それは、オーシッチも、ブライスも「急がば回れ」との考えを理解していたからです。ケミンに集った原初のスタッフたちには、それが最終的には一番確実な方法だという共通の認識がありました。理屈ではなく肌感覚でそう思っていたといいます。

結果論となってしまいますが、対照的な例があります。2002年（平成14年）4月1日の食薬区分改正でもともと医薬品の範疇にあったある成分が食品に区分されるようになり、「健康食品」としての利用が開始されました。そして、主にテレビ放送を用いた大量のイメージ宣伝・広告がなされて消費者の間に一大ブームを巻き起こしたのです。しかし、冷静さを欠いた消費者からの予想以上の需要によって原料が枯渇し、粗悪品が横行するなどして、結局その市場は一気にしぼんでしまいました。これを鑑みるに、ケミン・ジャパンの戦略は正しかったと言えるのかもしれません。

さて、まず橋本と村上がアカデミアの最初のターゲットに選んだのは、公益財団法人 日本眼科学会でした。ルテインが眼の健康に資する機能性を持つとの研究報告が、主に米国で広まっていたからです。言わば、ターゲットとしては本丸中の本丸だったのです。ルテインを紹介させてもらおうと意気揚々と学会に乗り込んだ橋本と村上でしたが、二人を待ち受けていたのは、先方のけんもほろろの対応でした。

当時は食品成分やそれを用いた「健康食品」などというものは医師から見ると、前述のように明治以来の伝統を受けて、〝まがい物〟扱いでした。医師がまともに相手にしてくれるカテゴリーではなく、特に日本医学会直系の日本眼科学会などは明治時代以降に普及した西洋医学の王道を行く学会の一つでもありました。考えてみれば無謀な挑戦だったのかもしれません。

シンガポール

しかし、アカデミアに認めてもらえない限りその先はない。その信念だけで動き廻りましたが、学会という学会、研究会という研究会に門前払いされる日々でした。また、行政の窓口でもまともに相手をしてもらえず、時間だけが過ぎていきました。

05 一発逆転のシンガポール 〜第1回SERI-ARVO会議〜

ところがそんな時に、大きな転機が訪れます。グローバルな広がりを見せつつあった米国眼科学会のARVO（The Association for Research in Vision and Ophthalmology）が、これからの時代のアジア地域の重要性の観点から、シンガポール眼科学会SERI（Singapore Eye Research

Insuitute）と共同で、「第1回SERI－ARVO会議」を開催することになったのです。2003年2月6日から9日まで、場所はシンガポールでした。

その情報をつかんだ橋本と村上は早速、SERI－ARVO会議に参加し出展することにしました。

日本の眼科学会で無名のケミン社をシンガポール経由で知ってもらうことは、大きな賭けでもありました。ところが、すでに米国でのルテインの知名度は高く、多くの眼科医はその存在を知っていました。ですので、彼らは逆に、ケミン社がいち早くアジアに日本法人を設立していたことについて、ある種の驚きをもって受け止めたといいます。

特に、この会議では予防医学的な立場からサプリメントの在り方を問う本格的な議論が交わされました。アジア、米国を中心とした世界の眼科学会関係者が一堂に会する中、2月8日には、ケミン・ジャパンの協力のもと、ルテイン情報を発信しているルテイン情報局（Lutein Information Bureau）が「眼科学におけるサプリメントの重要性」と題するシンポジウムを開催しました。

これまで世界の眼科医療の現場において、食品成分の働きによる健康維持や予防について本格的な議論が行われていませんでしたので、このシンポジウムは多くの学会関係者の注目を集めました。

同シンポジウムには、研究機関や医療機関などから180人が参加し、米国ユタ大学医学部のポール・バーンスタイン博士と大阪市立大学大学院の尾花明博士（医学研究科視覚病態学）が、それぞれ米国、日本におけるサプリメント摂取の現状を報告しました。

尾花博士は、欧米とアジアにおける人種的特性や食生活の違いを説明し、「アジア人向けデータを早急に収集する必要がある」と指摘しました。一方、AMD（加齢黄斑変性）研究の専門家であるバーンスタイン博士は、加齢によって引き起こされる眼病であるAMDとサプリメントの関連性について講演を行い、人間の眼の黄斑部に存在するルテイン色素の濃度を測定する機器を新たに開発したことを報告、「今回の開発によって、今後さらにAMDとルテイン摂取の関連性が研究によって明らかになるでしょう」と述べました。

さらに、オーストラリア、英国、シンガポールの研究者らを交え、「眼科学におけるサプリメント摂取～その真価を問う～」と題するパネルディスカッションも実施され、「治療や研究にどの程度サプリメント摂取を取り入れるべきか？」などの事項に関して真摯な議論が展開されました。この時、シンポジウムの終了後に行ったアンケート調査では、回答者の95％が「今回のセミナーでルテインに対してより興味を持った」と述べています。

また、韓国、マレーシア、日本など各国の眼科医からは、「ケミン・ジャパンが販売するFloraGLO® ルテインを使用した臨床試験を行いたい」「同様のセミナーを自国の学会でも行ってほしい」といった要望が寄せられました。

インドネシアの医師からは「今こそサプリメントを学ぶべき時だ」との強烈なコメントが発せられたことからも分かるように、それまでは世界の眼科学会でも、サプリメントについての十分な議論がなされていなかったのです。今振り返ると、このシンガポールでのシンポジウムが、その本格的なきっかけを作ったのではないかと思われます。

さて、この時ケミン社が出展したブースには米国の著名な眼科医が次々と訪れ、橋本や村上とも談笑を重ねました。その光景を見た、日本から来た眼科医たちはあっけにとられます。ケミン？　ルテイン？　どうして米国の著名な眼科医があれだけルテインというものに興味を示しているのか……？

この時にシンガポールに来ていた日本の眼科医たちは、新たな学術的潮流を知ろうとする壮年の学者たちでした。日本眼科学会に身を置きながら、従来からの知識体系にないものを吸収しようとする医師たちが集っていたのです。

したがって、盛況するケミン社のブースを見て、また飛び交うルテインの研究動向を聞いて、彼らは大いにケミン社とルテインの情報に触れることになりました。

そして、彼らは帰国後、ルテインの知識を日本に広めようと動きます。しばらくすると、今度は日本眼科学会の方から、ルテインに関するセミナーやシンポジウムの開催について、アイディアを提供するようケミン・ジャパンに依頼が来るようになったのです。〝まがい物〟扱いだった食品成分やそれを活用した「健康食品」が、初めて陽の目を見た瞬間です。

やがて、第1章でお話ししたAREDS2が2006年にスタートし、その結果がまとめられると、ルテインの価値はさらに確固たるものになっていきました。日本眼科学会では現在、黄斑変性の治療方針としてAREDS2の結果を掲げています。すなわち「黄斑変性の初期症状の患者にはルテイン・ゼアキサンチンを摂取させるべきである」と明記されるまでになりました。

06 ロッド・オーシッチ博士の予言

さて、ルテインという化合物は1種類ですが、ゼアキサンチンはゼアキサンチンとメソゼアキサンチンの2種類あります。

化学構造を詳説すると、ルテインの場合はエンドグループのミクロヘキセン環の二重結合が4位、5位にありますが、ゼアキサンチンとメゾゼアキサンチンの場合はそれが5位、6位にあります。ルテインとメゾゼアキサンチンは立体構造が似ていますので、二重結合の位置が1つ移動しただけで食事由来のルテインがメゾゼアキサンチンになることを意味します。メゾゼアキサンチンは血中や肝臓には存在しませんが、ヒトの黄斑部、網膜そしてＲＰＥ（網膜色素上皮細胞）や脈絡膜に存在します。このことにより、眼の中でルテインからメゾゼアキサンチンへの変換が起きていることが示唆されています。

ケミンヘルスの初代社長であるロッド・オーシッチ博士は植物科学で博士号を取っている科学者でもありましたが、ケミンフーズ社の社長でした。ルテインのアジアでの本格的な販売を始めた橋本に対して、次のようなことを話したことがあるそうです。橋本は述懐します。自分をニックネームで呼びながら、オーシッチはこう言ったというのです。「ハッシー、自分は科学者として、ルテインの化学構造を初めて見た時、この物質は世の中の人たちの健康増進に大きな貢献をすると確信したんだ。それは、ルテインの構造はとてもユニークでエンドグループのミクロヘキセン環の二重結合の位置が１つずれていることで、このリングは３６０度クルクル回るからだ

ロッド・オーシッチ博士

よ。こんな物質はとても珍しいんだよ」と。

科学の知識に疎かった当時の橋本には最初、オーシッチが何のことを言っているのかよく理解できませんでした。しかし、このエンドグループのミクロヘキセン環、すなわちこのエプシロン環の水酸基がクルクル回ることで、ルテインは細胞膜のリン脂質と並行的に結合しやすくなることを後から知ることになります。こうした配置になることは、ルテインがブルーライトを効率よく吸収できる理由にもなっているのです。

ケミン社は分子科学を非常に大切にしています。植物由来の抽出物を扱っている会社ですが、その機能性成分について分子レベルで把握しないと原料製剤の上市は行わない、という考え方をしている会社なのです。したがって、営業マンであっても自社商品の説明をする場合は、分子レベルで説明できることが求められます。当時の橋本と村上は、このことをしっかりと頭に刻み込んで勉強を重ねたと言います。

【参考資料】
Khachik et al., 2002.

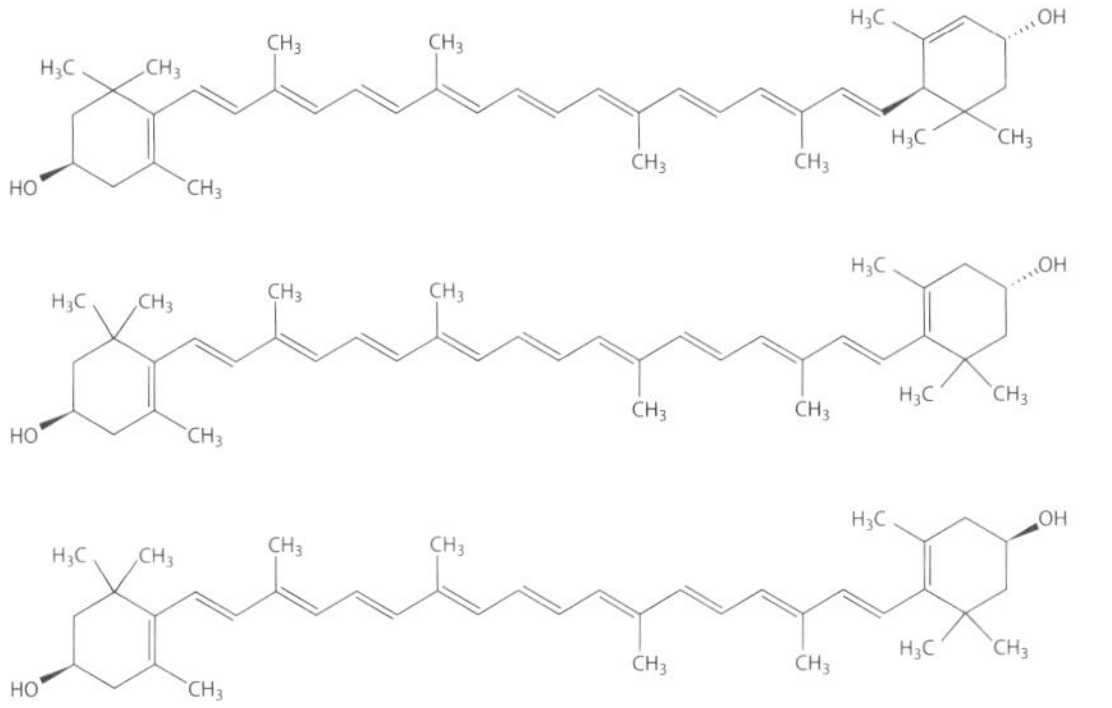

黄斑色素の構造：上からルテイン、メソゼアキサンチン、ゼアキサンチンの順

ケミン・ジャパン提供

07 ＤＳＭ社との戦略的パートナーシップの締結

２００８年、ケミン社とＤＳＭ社は戦略的パートナーシップを結びました。ケミン社はＤＳＭ社に対してFloraGLO®ブランドのルテインの原体を独占的に供給し、ＤＳＭ社はそれを元に原料製剤として商品化して販売するという新たな販売形態が誕生したのです。

ＤＳＭ社の世界的な販売網、独自の製剤化技術や幅広い製品群と、ケミン社のルテインに関する知識、知的財産、技術的なノウハウ、市場開発のための専門知識が組み合わさることで、顧客や消費者にとって意義ある相乗効果が生まれるようになりました。

しかし、これによって橋本は残念な出来事も経験することになります。

ＤＳＭ社が戦略的パートナーとなったことで、古巣であった光洋商会がケミン社から直接ルテイン原料製剤を仕入れることができなくなりました。原料供給先から直接購入するということが原則であった光洋商会は、FloraGLO®ルテインを継続して販売することを断念したのです。

このことは橋本にとって、光洋商会から離れた後も古巣と共にルテインビジネスを伸ばしたい、それが自分を育ててくれた会社に対して恩返しをすることになる、との考えが継続できなくなることを意味しました。橋本は今もこれを、悲しい出来事として述懐しています。


なお、ケミン・ジャパン株式会社は２０００年8月に創業され、まず飼料部門がスタート、その1年後にルテインを扱う栄養の部門が立ち上がりました。アグリ部門は商社機能を持っていますが､栄養部門にそれはなく､輸入し在庫する販売代理店とタッグを組んで商流を形成しています。

ＤＳＭ社との戦略的パートナーシップが締結されたことで、その販売代理店各社も商流に登場し、ルテイン原料製剤の供給体制は飛躍的に拡大することになりました。

第3章

ケミン・インダストリー社誕生とその歴史

01 ケミン社の誕生

さて、ここまで橋本と村上の日本におけるルテイン普及への挑戦を見てきましたが、彼らが人生の選択として在籍することを決めたケミン社とは、いったいどのような会社なのでしょうか。そのユニークなあり方を本章では紹介します。

デモインはアイオワ州の州都で、約20万人の人口を抱える州内最大の都市。「アイオワを制するものは大統領選を制する」という言葉とともに有名なこの州は、アメリカ合衆国中部に位置します。

気候は気温の年較差の大きい内陸型で、夏の日中は摂氏35度に達することもある一方、冬は氷点下まで下がる日が続き氷点下15度を下回ることもあり、11月から4月頃には降雪がみられます。米国の国土は日本の約25倍で、経済規模の大きい都市はニューヨーク、ロサンゼルス、シカゴの順ですが、デモインはシカゴから飛行機で1時間半ほどの場所にあります。

アイオワ州旗

デモイン川とラクーン川が合流するこの地には、3000年前にはネイティブ・アメリカンが住んでいたとされており、19世紀後半にはデモインとその周辺の地域は次々と発見された炭鉱によって栄えました。

しかし、20世紀後半になると中西部の他の主要都市と同じように、製造業の衰退や郊外への人口流出によって市は一時衰退してしまいます。しかし、1980年代に入ると産業構造を転換して再生し、超高層ビルも立ち並ぶようになりました。デモインはその後、保険業の中心都市となったほか、金融業や出版業も栄えて市の経済を支えています。

ケミン社は、R・W・ネルソンとメアリー・ネ

ケミン・インダストリー本社

ケミン・インダストリー社提供

ルソンによって１９６１年、そのデモインで産声を上げました。Ｒ・Ｗはローランド・ウイリアムの略ですが、いまやこの「アールダブリュー」の愛称で親しまれている創業者です。そのケミンの始まりの時、Ｒ・Ｗ・ネルソンとメアリー・ネルソンの手元にあったものは５人の小さな子供たちと普通預金口座に１万ドル、古いウール納屋を改造した２つの製品ラインを持つ製造工場、そして将来への希望だけでした。ちなみにケミンの名称は化学を学んだＲ・Ｗが「Chemical Industry」を略して作った社名で、米国では珍しい、また力強さを感じさせるＫの文字をＣｈの代わりに当て、Keminical Industry を略して Kemin としたのです。現在では自然由来の原料の扱いがほとんどですので、本質的には Natural Industry な会社と言えます。

2人がまず目指したのは、革新的な農産物を開発してそれらを米国中西部で販売すること。そんな慎ましやかなスタートから60年がたち、今やケミン社は世界的な原料メーカーに成長しました。

R・W・ネルソンが原料を混ぜ、メアリーが帳簿を付けていた古いウール納屋は、2017年に3000万ドルをかけた本社ビルに生まれ変わっています。

ケミン社はただ単に原材料を販売するだけでなく、グローバルな考えの下、成長する顧客にサービスを提供し続けるとともに、世界中で活動することに力を注ぎました。

その結果、今や製造施設だけでも10カ国以上、6大陸120カ国超に展開する多国籍企業に成長しています。デモインの650人を始め、世界各国に数千人を雇用し、機能性を持つ食品成分の原料、一般食品用の原料、農作物栽培用の原料、水産養殖用の原料、ペットフード原料から繊維および動物用ワクチンに至るまで、500を超えるユニークな原料を製造しています。また、非営利団体や地域団体へのサポート活動、ボランティア支援などにも積極的に参加しています。

02 黎明期・ケミン社の曙

さて、1961年にR・W・ネルソンとメアリー・ネルソンがケミン社を設立して最初に生産した製品群は、特定の原料を求める限られた顧客の要望に応じたものばかりでした。そんな地道な日常が知らぬ間にケミン社とその製品の信用を作り、徐々に会社は軌道に乗っていきました。

1970年、ケミン社はベルギーのヘーレンタルスに最初の地域本社を開設しました。これが海外進出の第1歩となり、ここからの販売や製造施設を通じて、欧州全域の顧客との効率的なビジネスを実現させる足がかりとなりました。

1980年代に入ると、ケミン社はそれまでの研究開発に加えてより構造化されたアプローチを組み入れました。すなわち、R・Wとメアリーの息子で、現在ケミン社の社長兼CEO（最高経営責任者）であるクリス・ネルソン博士が主導し、同社の科学者たちがもともと解明することが難しい植物由来の機能性を分子レベルまで研究して、生体内での作用機序の解明に挑戦しだしたのがこの時代でした。

この研究開発への新しいアプローチは、ケミン社の新しい市場への拡大を促進しました。特に酸化防止剤に関する専門的知見が、その後の同社の拡大につながったのです。ケミン社は創業時には飼料添加物を扱う企業でしたが、現在では食卓を彩る加工食品向けの原料、あるいは人々の心を癒す動物たちの食事、いわゆるペットフード向けの原料など、市場を越えてビジネスを展開するようになりました。

こうしたケミン社の拡大の一環に、ルテインが位置づけられます。同社は、長年にわたり動物飼料の業界で販売活動をしてきたこのカロテノイド分子について、食品原料として使用することを考え、1995年に最初の子会社であるケミン・フーズを設立しました。ケミン社はこの子会社化のモデルを、ペットフード原料、化粧品原料、エコ技術を用いた服飾素材の事業に至るまで、すべての事業拡大に応用していきました。

なお、現在ではケミン・フーズはケミン・ヘルスと改名し、ルテインを始めとして健康に資する食品成分の原料供給企業として活動を続けています。

03 ケミン社躍進——21世紀

２００１年にR・Wとメアリーの娘であるエリザベス（リビー）・ネルソンが副社長兼法務顧問に就任し、ケミン社の知的財産の保護や世界中の規制関連業務や監査、また環境衛生、安全性プログラムの発展に尽力しています。

そして、２０１４年にはR・Wとメアリーの息子であるデビッド・ネルソンがアドバイザー委員会に加わりました。同氏はインディアナ州南部とケンタッキー州北部で不動産管理会社を経営する人物でもあります。

また、２０１７年にはクリス・ネルソン博士の娘であるキンバリー・ネルソンが、繊維化学薬品事業の事業開発マネジャーとして就任しました。その後、同氏は２０１９からは繊維関連の事業を扱うグループ企業であるガーモント・ケミカルズ社の社長を務めています。

また、デビッド・ネルソンの息子であるルーカス・ネルソンが２０１７年に弁護士としてケミン社に入社しました。現在、クリス・ネルソン博士が所有するアイオワ州初の医療用大麻の製造業者兼薬局であるメド・ファーマ・アイオア社のゼネラルマネジャーを務めています。

以上のようにケミン社は、ネルソン一族によって運営されている非上場の会社ですが、橋本と村上によると、「このような組織にしては、珍しく自由で開放的な社風を感じている」と言います。経営方針を定めるいわゆるボードメンバーに米国人以外が加わっていること、日本に比べて女性の登用が圧倒的であることがその理由です。

現在、R・W・ネルソンは取締役会長、メアリー・ネルソンは副社長兼ケミン慈善寄付委員会委員長を務めています。また、繰り返しになりますが、R・WとメアリーIの息子であるクリス・ネルソン博士が社長兼CEOを務めています。

04 ケミングループの新ビジョンと新ロゴに秘められた想い

2019年、ケミングループにあって、知的財産を管理するケミン・インダストリー社が、２０４２年とそれ以降の企業戦略に沿う新たなグローバルビジョンとロゴを発表しました。

ケミングループは１９９８年の時点で、２０１９年までに「人、動物、ペット向け製品とサービスを通じて、世界人口の半数を超える38億人の日々の生活に触れて貢献しよう」というビジョンを設定していました。

ケミングループの新ロゴ

しかし、このビジョンは２０１７年、設定より2年も早く達成することができました。そこで今回、新しいビジョンを発表するに至りました。

新ビジョンは「Kemin strives to sustainably transform the quality of life every day for 80 percent of the world with our products and services（ケミンはその製品とサービスによって、世界人口の80％が毎日の生活の質を持続可能性あるものに変革出来るよう貢献する）」で、現在6大陸で活動し、５００を超えるユニークな原材料ポートフォリオを持つケミン社の戦略的成長の方向性を表しています。

ケミングループの当初の焦点は、革新的な農業製品の開発でした。同グループは先述のように、機能性を持つ食品成分、一般食品用の原料、農作物栽培用の原料、水産養殖用の原料、ペットフード原料から、繊維などに関わっています。成長と多様化につれて、ケミングループは消費者が日々関わる数え切れない製品の中に存在することで、世界人口の半数以上の毎日の生活に触れることができるようになりました。

人は1日のうちに朝食に卵を食べたり、ペットに餌をやったり、ジーンズをはいたり、サプリメントを飲んだり、市場でパンや肉を買ったりします。これらすべてにケミングループの原料が含まれている可能性があるのです。

もしも、人々が1日に5回ケミングループの製品に触れていただけるならば、2042年までに世界の人口（約72億人）の80％の生活の質を変革することができると考えているのです。

このビジョンに沿って、ケミングループは新しいロゴを公表しました。将来的な成長への注力を反映すると同時に、同グループのこれまでの進化、すなわち歴史への敬意を表しています。

同グループの社長兼ＣＥＯであるクリス・ネルソン博士は、「われわれが20年前につくったビジョンは野心的で、事業分野全体を網羅していました。その後ケミンは10倍の規模に成長することができました、今後も分子レベルで科学的な専門知識を用いた革新を継続することによって、われわれには急速に変化し成長する市場を世界規模で変革する力があると考えています。われわれは新しいビジョンの下、世界の生活の質を真に変革する製品とサービスによって、より多くの人々に活力を再び与えられると考えます」と語っています。

また、同氏はケミンのビジョンを達成するために必要なコアバリューに関して「Integrity（真摯さ）」という言葉を引用し、「多くのお客様は私たちの製品の技術的な背景について、私たちより知識はありません。つまり、お客様は我々が『これが正しい』とお伝えしているデータや主張を信用せざるを得ないということになります。それだけ頼りにされているということは、私たちは決して自分たちの製品の価値を高く伝えたり、逆に低く伝えたりしてはいけないということが非常に重要だということになります」とも述べています。

さらに、ヘイリー・ストンプ上級副社長（国際マーケティング担当）は、「以前のケミン社のロゴは太くて赤い円に包まれていました。一方、現在の新しいロゴは境界がなく透明性を表します。ケミンの『K』から始まるロゴにおいて、赤いアーチは前進を表現します。『I』への注意喚起はケミンのイノベーションを強調しています。また、赤いアーチの後ろにある『N』は、会社創業以来ケミングループを支え、これからも支え続けるであろうネルソン一族を代表しています」と述べています。

新たなビジョンと新ロゴの下、ケミングループはよりグローバルに拡大していく考えです。

人々、地球、ビジネスという3つの重要な要素を考慮し、「トリプルボトムライン」

と呼ばれるコンセプトを活動のあらゆる側面に取り入れる方針です。世界の人々に栄養を提供することを、地球環境の保護も実現しながらビジネスとして結実させる――そのための革新的な方法論に関して専門知識を備えた同社は、健全な人々、健全な地球、健全なビジネスの実現を目指しているのです。

05 新たな時代へのケミングループの挑戦！

さて、ここまでケミングループの誕生から現在までのサクセスストーリーを簡単に振り返ってみました。もちろん、一見順調そうに見えるこの歴史の中には、ここには描ききれない数々の苦難や失敗があったことも見逃せません。

この章の冒頭でも触れましたが、ケミングループは多彩な原料の供給企業にとどまりません。あくまで生活の質の変革を目指すグローバル企業です。

日々触れている無数の製品の中に存在するのは科学です。ケミングループの原料はグローバルな食品のサプライチェーンを守り、将来的な資源の保護と病気の予防に貢

ケミン・インダストリー本社

ケミン・インダストリー社提供

献しています。ケミングループを形作っているのは、人間の想像力、科学の知見、そして探求への熱意です。現在の状態にとどまらず、将来の可能性に常に目を向けているのです。

最後に、そんなケミングループの現在の活動やそのビジョンをもう少し詳しく紹介します。

◎持続可能な未来

ケミングループは、未来に焦点を合わせて、今日の生活の質の改善、すなわち次世代のための持続可能性の実現に取り組んでいます。地球の限られた資源を保護しながら、ケミングループが毎日何らかの形で触れている38億以上の人々の成長と幸福、安寧を最も重要視しています。

◎持続可能性の3つの視点（人々、地球、ビジネス）

ケミングループは、人々、地球、そしてビジネスという3点に注目して、持続可能性への取り組みを拡大しています。この3点が重なるところにこそ、自然なチャンスがあると考えているのです。

◎健全な人々

ソーシャルグッド（Social Good）とは、地球環境や地域コミュニティなどの「社会」に対して良いインパクトを与える活動や製品のことです。これは、人々が健全・健康であることを大前提としています。

ケミングループに勤務している何千人という従業員、また日々ケミングループの製品やサービスを受ける38億人超の人々が、共に健全な未来に貢献できるよう活力を与えたいという我々の想いを伝え、お互いが協力することによってソーシャルグッドを促進したいと考えています。これは、持続可能な生活の質への変革というビジョンを達成するための、第一のポイントです。

◎健全な地球

わたしたちは限りある資源のある世界で活動しています。資源が枯渇すれば当然ながら、わたしたちの生活は危険にさらされます。そのリスクを減らすために、ケミングループはCO_2排出量を減らすことに取り組んでいます。

すなわち、自分の子供たちとその子孫にとって健全な地球を作ることに努めているのです。これが、持続可能な生活の質への変革の、第2のポイントです。

◎健全なビジネス

ビジネスは持続可能性と健全な未来に影響を与えます。先述の、「健全な人々」と「健全な地球」という視点を基にして、ここにビジネスを組み合わせると、相互に有益な結果を生み出すことができます。誠実で倫理的、そして環境に優しく、社会的に配慮した企業として成長することが、社員と38億人超の人々の生活の質を変革させるために不可欠であると考えているのです。

ケミングループはまた、そのビジネスにおいて顧客を将来のビジョンを作り出すためのパートナーと捉えています。

◎植物由来原料の垂直的で統合的なサプライチェーン

一方、ケミングループの特徴として、植物をベースとした原料の供給を挙げることが出来ます。独自の作物の育成から選別、収穫、抽出の段階までのすべての工程をサプライチェーン全体としてコントロールしています。製品のすべてのバッチの一貫性がもたらされ、いつ植物由来原料を購入しても効果にばらつきがないという顧客の期待に応えることができるのです。このサプライチェーンの価値は新型コロナウイルスのパンデミック禍においても、大きな力を発揮しています。

◎ケミングループによる災害支援活動
―建明希望小学校（中国・四川省）と東日本大震災を例に―

２００８年に中国の四川省で大地震が発生した後、世界中のケミングループの従業員がこの地域の復興を支援するために寄付を行いました。

従業員の寄付と法人としての協力を通じて、中国では建明社と表現されるケミングループは、成都の南西にあるミンシャン村の小学校の再建に資金を提供しました。10年前に建てられた建明希望小学校（Kemin Hope Elementary School）は、現在３００人の学生と10人の先生で構成されており、近代的な施設と学習環境を整えています。さらにケミングループでは、毎年最高の成績を上げた学生に奨学金を授与するなど、今も学校を支援し続けています。

２０１１年に東日本大震災が発生した後も、世界中から来ていたボランティアの方々と共に、被災された地域の清掃のお手伝いや、現地の子供たちを励ます活動を行いました。橋本と村上もこの活動に参加しています。

◎社会的責任

ケミンググループは、世界中での慈善寄付、非営利のパートナーシップおよび奉仕活動への取り組みを通じて、より良い未来を築くことを大きな使命の1つとしています。「わたしたちには、努力により得た利益の一部をわたしたちのコミュニティと世界に返す責任があります。」――メアリー・ネルソンの言葉です。

ケミンググループは慈善寄付および地域社会での奉仕活動を続けていますが、その主要分野は4つあります。すなわち、「科学および一般教育」「収入に応じた適正な家賃や価格の住宅」「災害復旧」そして「活気あるコミュニティの創生」です。この4つはそれぞれに連関していますが、その中から主要なトピックスを紹介します。

◎世界食糧大賞（WFP）

ケミンググループはＷＦＰ（World Food Prize：世界食糧大賞）の企業パートナーとして、世界の食糧サプライチェーンの安全性と品質の向上に取り組んでいます。

ＷＦＰは飢餓と闘っている世界有数の人道支援団体の一つで、同団体の活動は毎年80カ国で約８０００万人の人々に届けられています。飢餓との闘いのための取り組みと、紛争の影響を受けた地域の平和のための改善への貢献が認められ、ノーベル平和賞も受賞しています。

２０１７年には、ケミングループはＷＦＰとのパートナーシップを正式に拡大し、飢餓人口ゼロの目標達成を支援するために、ベルギーでの試験分析や米国由来の品質管理に関する知見の提供などを追加で無償提供することに合意しました。２０１９年にはＷＦＰのパートナーシップを通して２５００万人の人々を支援しています。

◎ハビタット・フォー・ヒューマニティー（Habitat For Humanity）

ハビタット・フォー・ヒューマニティーとは、人間らしい居住環境づくりを目指す活動です。２００１年以来、デモインを拠点とするケミン社では、デモイン・ハビタット・フォー・ヒューマニティーを通じて低所得家族のための家を建てることを支援しています。

米国外での活動も活発で、ネパールでの地震の犠牲者支援のため9万ドルを寄付、救援活動を行ったネパール・ハビタット・フォー・ヒューマニティー自体も支援しました。２０１６年には同団体と直接提携し、40人のケミン社員をカーブレ・バランチョーク地区での救援活動に派遣しました。

２０１８年にはハビタット・フォー・ヒューマニティーの「ウォーター・フォー・ライブズ」プログラムの一環として、世界中からケミングループの従業員がブラジルを訪れ、困窮する世帯のために貯水槽を建設しています。

◎アイオワ州政府が推進するＳＴＥＭ教育の支援

ケミングループとパートナー企業は米国アイオワ州知事の科学、技術、工学、数学（ＳＴＥＭ）諮問委員会と提携し、同州のＳＴＥＭ教育の支援をしています。

２０１４年には、IOWA STEM Teacher Award（アイオワ州の学生がＳＴＥＭへの情熱を育むよう導いてくれた教師を称える賞）をスタートしました。受賞の対象となった教師は、優れたカリキュラムを生徒に提供しています。そして、生徒がＳＴＥＭを取り入れることで生活がより良く変化するようサポートしているのです。

ケミングループの社長兼ＣＥＯであるクリス・ネルソン博士は、アイオワ州のキム・レイノルズ知事と共に、ＳＴＥＭ諮問委員会の共同議長を務めたこともあります。

◎若年者緊急サービスおよび避難サービス（YESS™）

デモインの街並み

１９９９年当時、ケミングループ社員であったハーブ・エリオットが、デモインの若年者緊急避難サービス（YESS™）を訪問して、サンタクロースの役割を果たしました。クリスマスに家族と過ごす喜び、また受け取るプレゼントがない子供たちに会って心を痛めた彼は、ケミングループの全従業員に声をかけ、募金活動の組織を作りました。

このYESS™チャリティオークションは現在ケミンググループの毎年恒例のイベントとなっており、70万ドルを超える寄付を集めています。

イベント中に集められた資金は、避難所に住んでいる子供たちへのクリスマスプレゼントとして贈られ、残りは非営利団体の運営に使われています。


以上、ケミンググループの慈善寄付および地域社会での奉仕活動について紹介しましたが、村上は次のように述べています。「キリスト教圏で慈善寄付や奉仕活動が一般的であるのに対して、日本社会では宗教を生活信条に据えることが少ない。自分はケミンに入社する前には、こうした活動についてほとんど無知であり、積極的になることも無かった。しかしケミンググループは普通の事柄として実行していたので、社会貢献というものについて随分学ばせてもらったと思う。日本の企業がグローバルを目指すとき、あるいは日本人が世界の人々と交わるとき、この理念は必須のように思われる」と。

第4章

日本の「健康食品」業界の変革とケミン・ジャパンの躍進

日本でルテインの普及が始まったのは、ケミン・ジャパンが誕生した2000年からですが、当時の「健康食品」を巡る情勢はどのようなものだったでしょうか。第2章で見た「健康食品」の夜明けの後、それが制度化されるにはさらに時間を要しました。第4章では、日本の「健康食品」がどのように制度化されていったかの経緯を記します。

01 平成初期の「健康食品」ブームを支えた健康テレビ番組とその終焉

日本では1980年代後半から2000年前半にかけて、テレビ番組でさまざまな食品に健康効果があるという報じ方がなされました。番組である食品が取り上げられると、翌日にはスーパーからその食品がなくなるといった社会現象が起こりました。

中でも日本テレビ系列で放送された『午後は○○おもいッきりテレビ』、フジテレビ系列で放送された『発掘！あるある大事典』、そしてNHK総合テレビで放送された『ためしてガッテン』は大きな影響を与えました。

しかし、2007年（平成19年）1月7日に放映された『発掘！あるある大事典Ⅱ』では、納豆の健康効果を報じる内容が捏造だと発覚したことで、番組はそのまま打ち切りとなりました。同年秋には『午後は○○おもいッきりテレビ』も『おもいッきりイイ!!テレビ』と番組名が変わり、内容が一新されて健康情報の発信がほとんどなくなりました。『ためしてガッテン』も同時期に一気にトーンダウンして、テレビから食の健康効果に関する発信は一時期ほぼ途絶えてしまいます。

結果として「健康食品」にもネガティブな印象が与えられ、業界全体がアゲインストの強風の中で、しのぐという時代が到来しました。

しかし、ルテインは上記の各種テレビ番組において、大々的に取り上げられたことが一度もありません。それは、橋本と村上がすべての番組の取材を断ったからです。当時、取材への対応を担当していた村上によると、これらテレビ番組の企画案はどれも、およそ科学的とは言えないアプローチで視聴者の耳目を引くというものだったそうです。よって、アカデミアにルテインの価値を伝えようとし、また行政にそれを活用した「健康食品」の役割を示そうとしている自分たちは、こうした取材や番組制作のための資料提供に応じるべきではない、と判断したのです。

すなわちケミン・ジャパンは、「番組で特定の食品の健康効果が取り上げられると、翌日にはスーパーからその食品がなくなる」という現象に乗ってルテインを販売する、ということを拒絶しました。その代わり、業界全体がアゲインストだった時代にも、粛々とルテインの価値、「健康食品」の役割を伝えることができたといいます。

02 「健康食品」暗黒の時代とサプリメント法設立への動き

こうした中、業界で「健康食品」の制度化への願いが強まる事件が起こりました。2007年（平成19年）4月13日に、厚生労働省の医薬食品局では、「健康食品」を指導する立場にある監視指導麻薬対策課が、事務連絡を出しました。そこでは、大手企業を含む複数の商品名の薬事法違反が指摘されたのです。指摘された企業は、結局、違反かどうかも不明のまま商品名の変更を余儀なくされ、商品回収やリニューアルによって多大なる損失を出しました。

この、通称「4・13事件」は、当該企業だけではなく業界全体に大きな打撃を与え、「健康食品」の取り締まり基準の曖昧さを再認識する結果となりました。これは現在まで尾を引いています。

この事件を機に同年誕生したのが、大濱宏文氏を議長とした「エグゼクティブ会議」です。同会議は2008年（平成20年）に、「サプリメント法」の骨格案を公表しました。そこには食品成分の有効性・安全性の科学的根拠を第三者データベースで公開することなどを条件に、機能性表示を認めることなどが明記されています。これは、後の「健康食品」の制度化、すなわち「機能性表示食品制度」の誕生に通底するコンセプトです。

大濱宏文氏（日本健康食品規格協会理事長、在日米国商工会議所栄養補助食品規制緩和小委員会委員長 ほか）
（一社）日本健康食品規格協会 提供

また政界でも、2007年（平成19年）に自公民の超党派の議員団体「健康食品問題研究会」（石崎岳会長）が発足しています。同研究会は2008年（平成20

年）2月7日〜6月12日に計9回の会合を開いて、サプリメント法の成立を目指したものの、石崎氏が２００９年8月30日の第45回衆議院議員総選挙で落選したことで、議員立法によるサプリメント法成立の灯火はいったん消えてしまいました。

一方、行政にも動きがありました。２００９年（平成21年）9月1日の消費者庁の誕生です。

消費者の視点から政策全般を監視する組織の実現を目指すとされたこの組織に、景品表示法や特商法、健康増進法、食品衛生法の表示部分など、「健康食品」に関係する多くの関連法規が移管され、その後、「健康食品」の主幹監督官庁となりました。

03 「健康食品」の表示に関する検討会と「食品の機能性評価モデル事業」

続いて、２０１０年（平成22年）8月には、２００９年11月から行われていた『健康食品の表示に関する検討会』の論点整理がまとめられ、この中で「消費者庁は、コーデックス委員会や米国・ＥＵ等の国際的動向を踏まえ、また、薬事法との関係にも留意しつつ、要求される科学的根拠のレベルや認められる機能性表示の類型、含有成分量や食品としての安全性を国が客観的に確認できる仕組み、中立的な外部機関の活用の可能性等も含め、新たな成分に係る保健の機能の表示を認める可能性があるのかどうかについて、引き続き研究を進めるべきである」とされました。

ちょうど2009年には、FDA（米国食品医薬品局）からサプリメントと呼ばれる製品群の健康強調表示（ヘルスクレーム）の科学的評価・審査の業界向けガイダンスが提示されました。一方EUでは、1996年から行われたプロジェクトにより、食品のヘルスクレームの科学的根拠に関する評価法がまとめられていました。

すなわち、欧米では科学根拠の明確さに応じて食品成分に一定の健康強調表示を認めようとする検討がなされていたことが考慮されたのです。

そして、この論点整理を受けて消費者庁が2011年（平成23年）度の事業として実施したのが「食品の機能性評価モデル事業」です。

この事業を受託した公益財団法人日本健康・栄養食品協会が中心となって事業全体

の統括を行う「プロジェクト統括委員会」が編成され、学識経験者11名の評価パネルからなる「評価パネル会議」が設置された後、作業手順案や評価基準案などの審議・承認が行われました。

日本国外における実態調査も行われました。対象国は米国、EU、オーストラリア、ニュージーランド、中国、カナダ、韓国です。一方、評価される食品成分は、米国FDAや欧州EFSAなど諸外国で一定の評価があり、かつ現在の国内において「健康食品」市場での売り上げ規模の大きい「セレン、n－3系脂肪酸（DHA、EPA等）、コエンザイムQ10、ヒアルロン酸、ブルーベリー（ビルベリー）エキス、グルコサミン、分岐鎖アミノ酸（BCAA）、イチョウ葉エキス、ノコギリヤシ、ラクトフェリン」が挙げられました。本書の主題であるルテインも加えた11成分に対して科学的な評価が行われ、２０１２年（平成24年）４月にその結果が公表されました。

この事業は、日本の「健康食品」業界では初めて、国の委託事業として食品の機能性評価に「メタアナリシス」を用いるという画期的なチャレンジでした。これは複数の研究の結果を統合し、より高い見地から分析する手法ですが、座長に元日本学術会議会長で皇室医務主管であった金澤一郎氏が就任し、食品の機能性に対して一定の理解を示しました。これは極めて意義深いことでした。医学界における「健康食品」へのアレルギー反応を、一定程度和らげることにつながったからです。

04 食品の「機能性評価モデル事業」におけるルテインの評価

この「食品の機能性評価モデル事業」におけるルテインの評価について、記述しておきます。日本が国としてルテインに対して評価した、貴重な内容です。

まず、ルテインは歴史的に眼に対する健康機能が広く知られており、市販されているルテインサプリメントの利用目的が加齢黄斑変性と白内障に関する機能に集中していました。よって同事業では、この2機能について評価されました。

ルテインの文献検索はPubMedが用いられ、「ルテイン」で検索の後、ヒト試験を中心に絞り込みました。次に、消費者が期待する眼に関する機能を中心にさらに検索を進めました。その結果、加齢黄斑変性または白内障に関する381報が抽出され、これらに先述のメタアナリシスを行い、また原料について総合的・体系的に評価する手法＝システマティック・レビューを行いました。最終的には１３３報を抽出、その中で加齢黄斑変性に関する論文31報（メタアナリシス１報、ヒト介入試験16報、コホート研究14報）、および白内障に関する論文４報（ヒト介入試験１報、コホート研究３報）を精査の対象としました。

「加齢黄斑変性の進行抑制」機能に関しては、「ルテインの連続投与によって、血中ルテイン濃度は2〜8週間で最高血中濃度に達する。ルテインの血中半減期は約10日で、消失期間は約70日と示唆されている。投与されたルテインはカイロミクロンに結合し、リンパから肝臓を経てリポタンパクと再結合し循環する。黄斑へのルテインの輸送は唯一この経路をたどる。ルテインは黄班に非常に多く分布するため、青色光の侵襲から黄斑を保護すると考えられている。また現在では黄斑のルテイン量は黄斑色素光学密度（Macular Pigment Optical Density：ＭＰＯＤ）として非侵襲的に測定できる。ルテインは他の細胞組織と比べて網膜中央部、水晶体に多く蓄積されるので、加齢黄班変性の進行抑制に寄与すると考えられる」として、作用機序は明確になって

金澤一郎氏（宮内庁長官官房皇室医務主管、日本学術会議会長、東京大学医学部教授、国際医療福祉大学大学院院長 ほか）
Health Brain提供

いると評価されました。「非侵襲的に測定できる」というのは、人体を傷つけずに測定できることの医学的表現です。

一方、白内障の予防効果機能に関しては、「水晶体中のルテインの濃度は年齢とともに減少する。ルテインの経口摂取により水晶体中のルテイン濃度が上昇するという報告はないが、Wegner等による最新の論文（２０１１年）では、血中のルテイン濃度が下がると網膜のルテイン濃度が下がり、網膜の酸化ストレスが高まることが報告されており、網膜メッセンジャーの働きにより水晶体の濁度が高まり白内障になることで有害な青色光から自己防衛していると推察されている。ルテインの摂取は、網膜の酸化ストレスを軽減することによって白内障の予防を間接的に行うと考えられる」とされ作用機序は明確になっていないと評価されましたが、間接的な作用の可能性は示唆されました。

05 日本眼科学会が2012年に発表した日本の加齢黄斑変性の治療指針

(日眼会誌 116巻 12号 2012より)

◎日本眼科学会による加齢黄斑変性の治療指針とブルーライト研究会の発足

一方、「食品の機能性評価モデル事業」が行われた2012年には、日本眼科学会が日本の加齢黄斑変性の治療指針を発表しています。

この治療指針には加齢黄斑変性の前駆病変の場合、経過観察などに加えて、AREDSに基づくサプリメントの摂取を勧めると記されました。一般にAREDSに基づくサプリメントという場合、ルテイン、ゼアキサンチン、他にビタミンCやビタミンE、亜鉛、銅といった抗酸化物質と呼ばれるものも含まれます。「前駆病変の場合、薬による治療ではなく、AREDSに基づくサプリメントを摂取させるように」と眼科学

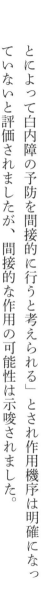

会において指導が行われていることは、「健康食品」にとって非常に意義深い事実です。日本において加齢黄斑変性にかかる人の数は年々増えています。特に50歳以上の人の13％以上が、初期の加齢黄斑変性に罹患している可能性が指摘されています。
加齢黄斑変性は米国では失明原因の第1位で、日本でも第4位になっています。

一方、LEDやスマホ、PCなどの爆発的な普及によって近年問題となっているブルーライトハザードという概念も注目されるようになって来ました。ブルーライトは、長期的に見ると目の網膜への影響、特に加齢黄斑変性などの疾患との関わりが懸念されており、また、夜中までブルーライトに暴露した際の、サーカディアン・リズム＝体内時計への影響なども指摘されています。

そこで、人々の健康と密接な関わりを持ちつつあるブルーライトの人体への影響を医学的に検証し、その結果を広く社会へ情報発信することを目的に、2012年、慶應義塾大学医学部眼科の坪田一男教授を代表世話人としてブルーライト研究会が設立されました。

実際のところ、ブルーライトは本当に危険なのかという議論があります。しかし、ブルーライトが悪影響を与えるかの検証を、ヒト試験によって行うことは倫理的に不可能です。そこで、ブルーライトとルテインとの関係を知るための試験が、ヒトと同じ眼の構造を持っているアカゲザルを使って行われました。

その試験では、アカゲザルの黄斑色素がなくなるまでルテインが含まれない食事を与え続けました。そして、黄斑色素がなくなった状態の眼にブルーライトを照射し続けたところ、ドルーゼンと呼ばれる老廃物が確認されました。これは加齢黄斑変性の初期段階に特徴的な現象です。すなわち、眼にルテインがない状態でブルーライトを浴び続けると、確実に眼に損傷が与えられるという結果が得られました（Barker 2011）。

ブルーライト研究会が発足した２０１２年当時には、パソコンメガネというものが市場に登場しました。これにもケミン社は深く関わっています。

ケミン・ジャパンはこれまで、ブルーライトとルテインの関係性について様々な場所で発信してきましたが、それをあるメガネメーカーが知りました。そして、ブルーライトといかに上手く付き合っていくのかを考えようという趣旨で、ケミン・ジャパンが彼らに対して、マーケティング用の情報提供などを行いました。今やパソコンメガネは当たり前のものとなり、ブルーライトも広く知られるようになりましたが、当時、この活動がきっかけとなり、ルテインもまたブルーライト対策を可能とする食品成分として認知されるようになりました。

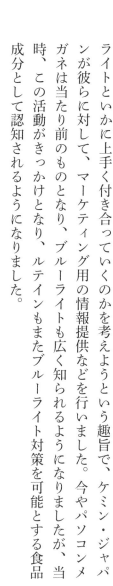

06 「機能性表示食品制度」誕生

行政による「健康食品」の定義、業界からの制度化の渇望、サプリメントに関する議員立法の試み、消費者庁の誕生、元日本学術会議会長による食品の機能性評価…。2000年代に入って相次いで起きた出来事は、全てが「健康食品」の制度化に向けた布石となりました。一方でルテインは着実にアカデミアでの評価を高めていきました。

こうした流れの果てに、2013年(平成25年)1月24日にスタートした第二次安倍内閣の規制改革会議において、日本の「健康食品」にとって歴史的な動きがありま

「健康寿命の延伸」は国民全体の総意でもある

した。
健康・医療ワーキンググループにおいて、「すべての国民が医療（医薬品、一般健康食品を含む）に「安全」かつ「容易」にアクセスできるようにし、健康な生活が営めるようにするとともに、健全な健康関連産業の発展を促す」とし、その優先項目の1つとして「一般健康食品の機能性表示」が取り上げられたのでした。

実は、この前年末に政権交代が起こり、2012年（平成24年）12月26日に第2次安倍内閣が誕生していました。その目玉として掲げられたのが、経済成長を目的とした政策、通称「アベノミクス3本の矢」でしたが、その3本目の矢「成長戦略」を実行・実現する「戦略市場創造プラン」

のテーマとして、「国民の健康寿命の延伸」が挙げられました。

２０３０年のあるべき姿を「予防サービスの充実等により、国民の医療・介護需要の増大をできる限り抑えつつ、より質の高い医療・介護を提供することにより『国民の健康寿命が延伸する社会』を目指すべき」としています。「健康寿命の延伸」が国策とされたことで、日本のヘルスケア全体に大きなインパクトを与えたのです。現在の健康政策の多くは、この第2次安倍内閣の提唱を基軸としています。

ちなみに、翌年の２０１３年（平成25年）4月18日には、「健康・医療戦略推進本部」のもとに「次世代ヘルスケア産業協議会」が設置されました。

現在まで続いているこの組織は、内閣官房をはじめ厚生労働省、農林水産省、経済産業省、観光庁、スポーツ庁等の関係省庁の連携のもと、ヘルスケア産業の育成などに関する課題と解決策を検討するとされています。

さて、誕生した「機能性表示食品制度」は同年4月4日に規制改革会議による健康食品産業協議会のヒアリングが実現し、続いて4月17日には「世界での健康食品の機能性表示の調査」が採択されました。

さらに、4月19日には坂戸市、（公財）日本健康・栄養食品協会（日健栄協）、（公社）日本通信販売協会（JADMA）のヒアリングも行われ、5月9日には国際先端テストの結果発表と厚生労働省、消費者庁のヒアリングも終了し、着々と答申へ向けての準備が整いました。

そして6月5日に、「一般健康食品の機能性表示を可能とする仕組みの整備」を含む第1次答申が規制改革会議から安倍首相に提出され、6月14日に閣議決定、その後1年半の検討期間を経て、2015年（平成27年）4月1日に食品表示法の施行とともに、企業等の責任で科学的根拠をもとに食品の機能性を表示できる「機能性表示食品制度」がスタートしました。

規制改革会議の委員として就任した大阪大学大学院医学系研究科 臨床遺伝子治療学 森下竜一教授のスピード感あふれる入念な準備と実行力、舞台裏での関連企業の献身的なサポートも相まって、「特定保健用食品（トクホ）制度」では不十分であった食品の機能性の表示に、ついに一穴を開ける制度が誕生したのです。

機能性表示の科学的根拠としては、先述のシステマティック・レビュー（Systematic Review：ＳＲと略す）の手法が採用され、提出書類は原則公開、さらに農産物などの生鮮食品も対象となるなど、米国のＤＳＨＥＡ法を参考にしながらも、日本独自の仕組みをふんだんに折り込んだ画期的な制度となりました。

一方、この制度はトクホなどの今までの事前許可制から事後チェック制へ大きく変換したこと、制度の運用の過程で改良点が見つかれば、都度、制度を修正していくことなどが、当初は理解されづらい面もありました。

しかし、２０２１年８月31日の時点ですでに８回にわたるガイドラインの改正、Ｑ＆Ａの新設や追記など、制度施行後もアクティブに改善が継続されているという特徴は特筆すべきものでしょう。

２０２１年７月時点では４０００を超える商品が届出を完了、２０００近い商品がすでに市場に流通し、市場規模は３０００億円を超えているとの報告もあります。

ここで、改めて、現在にも適用される日本での「健康食品」の定義を示します。

「健康食品」とは、「広く健康の保持・増進に資する食品として販売・利用されるものの全般」です。そのうち、健康の保持・増進に資することを広告・宣伝できるものを「保健機能食品」、できないものを「いわゆる健康食品」と表現します。

「保健機能食品」には3つのタイプがあり、「特定保健用食品（トクホ）」「栄養機能食品」「機能性表示食品」に分かれます。

＊「特定保健用食品（トクホ）」は、消費者庁が製品ごとに審査を行い、要件が整ったと判断した場合に、同庁がその健康効果についての表示を許可するものです。

＊「栄養機能食品」はビタミン・ミネラル・n－3系脂肪酸を含む食品に限った制度で、消費者庁が規定する範囲の用量が含まれていれば、届出なしにその機能性を表示できるというものです。

＊「機能性表示食品」は、食品成分について原料ベースで消費者庁に科学的根拠を届出ることができれば、企業責任のもとでその機能性の表示ができるものです。

ヒトの健康に資する食品、と国家が位置づけているこの3つのカテゴリーのうち、現在、消費者の健康ニーズを捉えて著しい成長を見せているのは「機能性表示食品」です。ただし、このカテゴリーは一方で、制度としても市場としてもいまだ成長過程にある未熟なものだということもできます。一例を挙げますと、「自然食品」や「有機食品」と呼ばれる食品群との関係性をどう考えるか、という問題があります。

まず、「自然食品」は制度や法、栄養学などで用いられる用語ではなく、人々が観念として持っている言葉です。それは、化学薬品を使用しない手法で得られた食品であり、人の健康に資すると捉えられています。

次に、「有機食品」の方は制度にも定められた概念で、日本でも「化学的に合成された肥料および農業を避けることを基本とする」とガイドラインに明記されています。「自然食品」や「有機食品」は、化学薬品を用いないで得られた食品が、人の健康に資することを含意している、ということが共通点です。たとえばここに、雑穀米や青汁といった食品があったとします。それが「自然食品」であっても「有機食品」であっても、消費者はその食品が健康に資すると思って購入します。

雑穀米や青汁などには多様な食品成分が複合的に含まれており、総体として人の健康に資すると容易に想像ができます。しかし、現在の機能性表示食品制度では、単一

第４回食品の新たな機能性表示制度の検討会（2014年４月４日）
Health Brain提供

の食品成分が定まった作用機序をもって人の健康に資すると示さねばなりません。よって、多様な食品成分が複合的に含まれている食品にどのようなヘルスクレームを設定するか、はこの制度の課題として残っているのです。

そもそも、現在、食品成分として最も知名度が高く、人の健康に資すると認識されているビタミンＣでさえ、抽出され命名されたのは１９２０年といいます。ヒト試験によって、その機能性研究が加速するのは、第二次世界大戦が終わった後のことです。したがって、多様な食品成分が複合的に含まれている場合に、それらの相加的、あるいは相乗的な効果を立証することは、現在でも困難を極めます。

現在の機能性表示食品制度では、食品成分が人の健康に資することを、体系的・総合的に立証すること、すなわちシステマティックにレビューすることを求めていますが、複合的な食品成分を評価するかについては本格的に踏み込んでいません。消費者が健康に資する食品として「自然食品」「有機食品」に期待している以上、この課題についても解決していく必要があります。

なお、ここまでお話しした「保健機能食品」とは別に、広義の「人の健康に資する食品」が別に制度化されています。それは「特別用途食品」といい、腎臓病患者向けの低たんぱく食品、嚥下困難者向けのとろみ調整食品などの例があります。

以上、健康に資する食品の全体像をお示ししましたが、重ねて指摘できるのは、現在を生きるわたしたちの健康ニーズに対応し、QOLの向上を目指すことのできる食品群の主役は、市場規模から言っても「機能性表示食品」であるということです。

07 「機能性表示食品制度」におけるルテイン

２０２１年（令和３年）７月21日現在で、ルテインを含んだものを関与成分とした届出は１８８件（実数は１８３件）。他の食品成分との複合商品として届けられているものも多いために正確な数字を弾き出すのは難しいですが、機能性表示食品全体から見ても、ルテインは３～４番目に届出が多い食品成分です。

ルテインの最初の機能性表示食品は２０１５年４月20日に届出が完了した、ロート製薬株式会社の『ロートＶ５』です。「本品にはルテイン・ゼアキサンチンが含まれます。ルテイン・ゼアキサンチンには見る力の維持をサポートすることが報告されています」という表示が届けられました。

その後、「ルテインは、眼のコントラスト感度（色の濃さの判別力）をサポートすることが報告されています」「ルテイン、ゼアキサンチンには眼の黄斑色素量を維持する働きがあり、コントラスト感度の改善やブルーライトなどの光刺激からの保護により、眼の調子を整えることが報告されています」「ルテイン、ゼアキサンチンの摂取は、黄斑色素密度の増加によるブルーライトなどの光のストレスの軽減、コントラスト感度の改善により、眼の調子を整える機能があることが報告されています」など、眼の機能に言及したものを中心に記憶やストレス、睡眠、疲労、抗酸化などの表現でも届出が完了するなど、多彩な機能性表示が認められています。

08 2016年第3回薬食国際カンファレンス(ICPF2016)〜FloraGLO® ルテイン20周年記念講演〜

さて、「機能性表示食品制度」がスタートした翌年の2016年(平成28年)。ケミン・ジャパンは第3回薬食国際カンファレンス(ICPF2016)において「FloraGLO® ルテイン20周年記念講演」を行いました。

このカンファレンスは医薬品と食品に関する最新の研究結果、問題点や今後の動向について数々の貴重な発表が行われただけでなく、研究者間のより一層の国際交流が

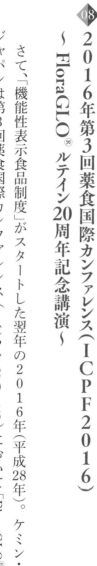

第３回薬食国際カンファレンス（ICPF2016）

Health Brain提供

進みました。

２０１３年（平成25年）に静岡県立大学に設置された「薬食研究推進センター」のセンター長で特任教授である山田静雄氏が組織委員長として薬と食の専門家同士が議論を交わしました。慶應義塾大学医学部の永井紀博氏（当時）が「黄斑色素密度と酸化ＬＤＬの関係　ホウレンソウによる変化」、同じく慶應義塾大学医学部の小沢洋子氏（当時）が「ルテイン・ゼアキサンチンは加齢黄斑変性による失明を予防できるか？」、聖隷浜松病院眼科部長の尾花明氏は「黄斑色素の増加は加齢黄斑変性に対する予防効果を示す」といったタイトルで講演を行いました。

第３回薬食国際カンファレンスで講演する尾花 明氏
（聖隷浜松病院 眼科部長）
Health Brain提供

また、この時は米国のケミン・ヘルス本社からアニータ・ノリアン社長と技術顧問のリチャード・ロバーツ氏が来日しランチョンセミナーで講演を行っています。

当時、すでに眼科医の中ではルテインの科学的根拠について一定の評価を得ていましたが、ケミン・ジャパンとしては次に薬剤師の方々に、ルテインについて知っていただく必要性を感じていました。ＩＣＰＦ２０１６で著名な眼科医の先生方から薬理学の専門の先生方に対して、眼病予防のためにルテインを摂取することの重要性について講演がなされました。これは、ヘルスケアプロフェッショナルの方々のネットワークの拡がりを意味し、ケミン・ジャパンとして大変重要なイベントとなりました。

また同年には、日本薬学会の伝統ある学術雑誌『ファルマシア』に「機能性表示食品におけるルテインとゼアキサンチンの科学的根拠」というタイトルで総説が投稿されてもいます。

09 横浜薬科大学の試み

実は、ケミン・ジャパンは薬食国際カンファレンス（ＩＣＰＦ）において横浜薬科大学総合研究メディカルセンター長の渡邉泰雄教授とのご縁が出来ました。

当時、横浜薬科大学では薬学部の中にサプリメント論の講座を作り、国際栄養食品協会（ＡＩＦＮ）専務理事の末木一夫氏が薬剤師を目指す学生に対して、「医薬品だけでなく、食品成分も健康を守る重要な要素である」と伝える試みに参画していました。


中国の宋の時代には、医者は食事で健康を守る食医、内科を診る疾医、外科の傷医、動物を診る獣医に分けられ、食医はその最上位にありました。その後、感染症など食だけで打ち勝てない病気が増えるなかで、食で健康を守るという考え方があまり顧みられなくなってしまいました。先述した江戸時代の漢方薬や生薬の概念でさえ、宋の時代と比較すれば、食事ではなくクスリを通した健康法と位置づけられるわけです。

しかし、近年、食の知られざる力に再び注目が集まるようになりました。病人の治療という医療薬学を基盤にして、食品成分の機能性にも注目する横浜薬科大学の新たな試みを、ケミン・ジャパン社も高い関心を持って見つめています。

⑩ 応用薬理シンポジウム

2018年には応用薬理シンポジウムで東邦大学医学部眼科学講座准教授の柴友明氏（当時）が「ルテインと加齢黄斑変性 ～サプリメントで黄斑変性を予防しよう！～」というテーマでご講演されました。

その際に、柴先生がルテインのサプリメントの摂取を眼科医が推奨することの重要性について言及されたことは、サプリメントに対するヘルスケアプロフェッショナルの評価が好意的になってきていることが感じられる出来事でした。

以上、機能性表示食品としてのルテインの普及と並行して、アカデミアにおいてもルテインへの注目がますます高まって来た事例を示しました。ルテインに限らず、今や行政も、学界も、業界も、「健康に資する食品成分をいかに適切に消費者に普及させるか」ということを、大きな課題として捉えるようになったのです。

第5章

日本、そして世界の「健康食品」の未来とケミン・ジャパンのさらなる挑戦

ケミン・ジャパンの活動地域は、米州と中国を除くＡＰＥＣ地域です。ビジネスをこの地域で行っているのですが、それを超えた発信にも努めています。それは、ケミン・ジャパン社長の橋本が、健康産業協議会の会長として担っている役割の一つです。

01 健康食品産業協議会 ～日本の健康食品業界を引率するリーダー的な団体

橋本は現在、一般社団法人健康食品産業協議会（以下ＪＡＯＨＦＡ：Japan Alliance of Health Food Associations）の会長として、日本の健康食品業界のさらなる発展に向けた活動を行っています。

これは、ケミン・ジャパンの理念と通底する活動でもありますので、本章では業界全体に関わる事柄について取り上げます。

ＪＡＯＨＦＡは健康食品業界を代表する団体で「健康食品の健全な育成と振興」を目指し、現在市場が大いに活性化している機能性表示食品を中心として、トータルヘルスケア推進の役割を担いつつ、産業振興を図っていくことを目的としています。

一般社団法人日本健康食品産業協議会ホームページ

健康食品業界の団体は、以前は6つが独立して活動していました。それは、

＊大手食品企業を中心に組織された「健康と食品懇話会」（現46社）、自然食品店舗販売企業を中心に作られた「特定非営利活動法人 全日本健康自然食品協会」（現309社）

＊健康食品も製造する製薬企業を中心に作られた「薬業健康食品研究会」（現25社）

＊健康食品の国際的調和や推進活動を行う「一般社団法人 国際栄養食品協会（AIFN）」（現49社）

＊食品素材販売企業や受託加工企業を中心に作られた「一般社団法人 日本栄養評議会（CRNJAPAN）」（現114社）

＊保健機能食品の普及啓発やJHFA、GMP、

安全性認証などの独自の規格基準を運用する「公益財団法人 日本健康・栄養食品協会」(現668社)

の各団体です。しかし、行政との折衝など利便性の点から、6団体をとりまとめる連合体の創設が求められ、2009年にJAOHFAが誕生したのです。その後2016年には一般社団法人化し、2019年からは正式会員の募集も始めました。(2021年8月現在、正会員60社、賛助会員25社)。

この団体は、2015年に誕生した機能性表示食品制度の誕生までのプロセスでは準備段階から業界全体を主導し、その後、年々行われているガイドライン改訂ではこの制度をブラッシュアップさせる動きに深く関わっています。

また、健康食品業界内部での活動だけでなく、やはり機能性表示食品制度誕生の中心的な役割を果たした医学界系団体の「日本抗加齢協会」、健康食品の通信販売の分野を取りまとめる「日本通信販売協会(JADMA)」、健康食品の小売り販売の分野の中心に位置づけられるドラッグストア業界の団体「日本チェーンドラッグストア協会」などと協働して、機能性表示食品制度のさらなる健全化と普及・啓発を目指して活動しています。

目下の大きな活動の一つが、「機能性表示食品公正競争規約」の策定への動きです。業界が自主的に基準を設け、機能性表示食品の健全な発展を目指すものです。また、これら保健機能食品を含めた健康食品全般が、医師や薬剤師、管理栄養士や栄養士、NR・サプリメントアドバイザーなども含めた健康食品業界の資格保有者など幅広いヘルスケアプロフェッショナルからの信頼や支持を得られるようさまざまな取り組みを行っています。

すでに、具体的に予防の重要性が理解され始めている認知機能やフレイルの領域ではそのような機運が高まっています。また、コンプライアンスを軽視する事業者や製品に毅然と対処するという点では、各消費者団体、消費者庁、厚生労働省のほか経済産業省など中央省庁との関係構築や協業も推進しています。

そして、台湾・ASEANなどの業界団体との関係性も重要視しています。日本の健康食品に関する制度と国外のそれとのギャップを探り、両者が相互に補完し合えるような関係作りを目指すことで、健康に資する食品成分の普及・啓発が世界的に進むと考えているからです。

ＪＡＯＨＦＡは「コモングッド」(Common Good、日本語では〝共通善〟)を推進し、「仲間」を増やすことで目標を実現したいと考えています。近い未来のトピックとしては、２０２５年（令和７年）に開催予定となっている大阪万博のテーマが「いのち輝く未来社会のデザイン」となることから、これを機に日本の健康食品産業を世界にアピールする方策を練っています。

02 「次世代ヘルスケア産業協議会」と「健康・医療新産業協議会」

行政と連動した動きを少し紹介しますと、橋本は現在、健康食品産業協議会の会長として経済産業省の「次世代ヘルスケア産業協議会（座長：永井良三 自治医科大学学長）」、また「健康・医療新産業協議会（座長：永井良三 自治医科大学学長）」の委員として参画しています。２０２１年6月9日に開かれた後者の第2回会合では日本

エビデンスに基づく予防・健康づくりの実用化促進（専門家側）

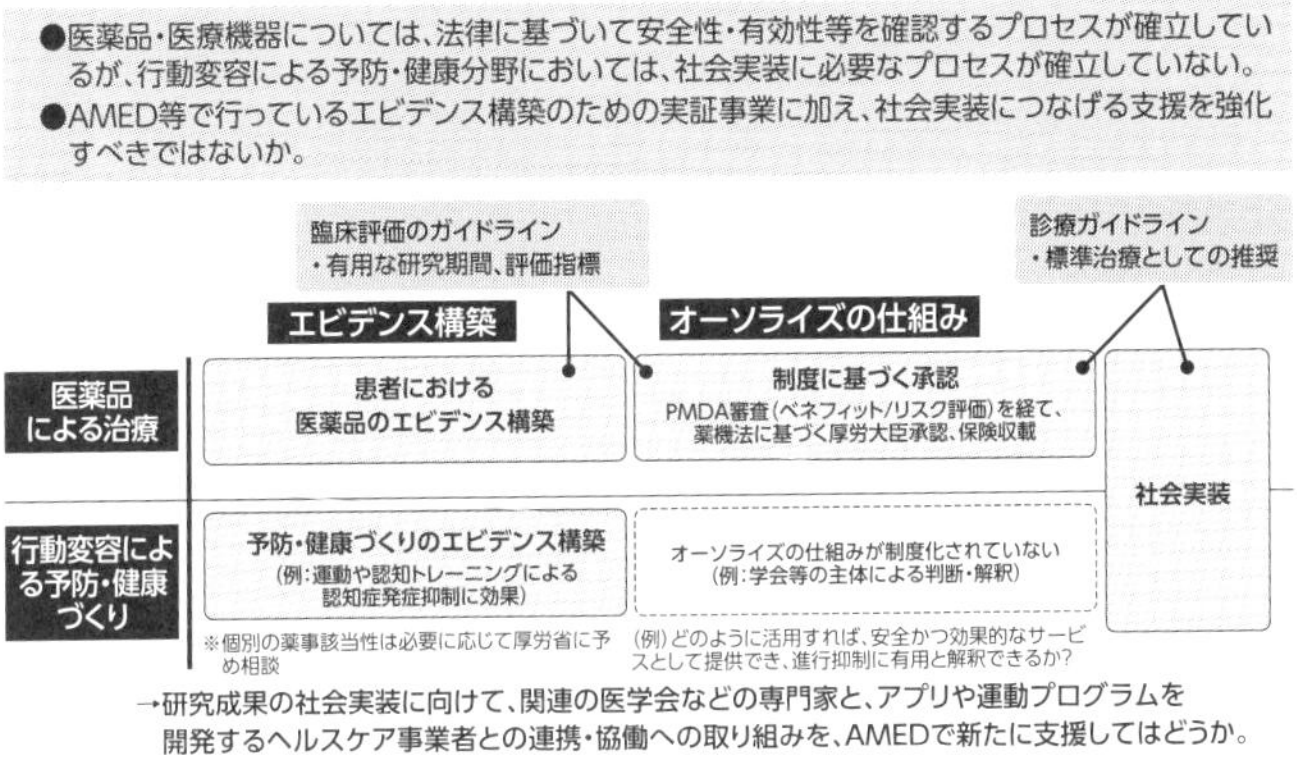

健康医療新産業協議会資料より（2021.6.9）

眼科学会の「加齢黄斑変性資料指針」を資料として提出し、次のように意見を述べています。

「従来の医薬品による治療と違って、行動変容による予防・健康づくりの分野では社会実装までのプロセスが確立されていません。しかし、科学的根拠にもとづく食の機能性が予防や健康増進に役立つ、ということを専門家によるガイドラインなどでオーソライズできるような仕組みを検討しています。日本眼科学会による加齢黄斑変性の治療方針ではサプリメントの摂取の重要性が言及されているように、ルテインのような科学的根拠のある機能性食品成分の場合、眼科医や眼の薬理学の専門家の方々に協力していただき、オーソライズされた形のガイドラインの中でポジショニングができるだろうと考えています」

余談ですが、橋本の隣席は日本医師会の中川俊男会長だったそうです。

03

2019年　APEC会議へプライベートセクターとして参加
～アジア太平洋地域における持続可能な農業開発に向けた企業と農村地域の連携～

一方、橋本の活動は海外にも広がっています。2019年8月には、チリで開催されたAPEC（アジア太平洋経済協力、Asia Pacific Economic Cooperation）会議にJAOHFAの木村穀前会長とともに参加し、食料安全保障に関する政策パートナーシップ会合の中で、日本の機能性表示食品制度の現状について講演を行っています。これには多くの国の行政担当者、経済人、研究者たちが興味を示してくれたそうです。

この講演で橋本は、「APEC地域全般の食料安全保障を強化するための一つのアプローチとして、フードバリューチェーンの確立に注目したい。農家同士の協同あるいは農家と企業の連携によって、農産物の付加価値の向上の取り組みについて優良事例を共有する。こうした取り組みを通じて、農業および農村地域の持続的な発展のための課題や方策について考えるべきである」と述べ、日本の機能性表示食品制度のモデルが世界の農産物の付加価値向上にも貢献できる、との視点を示しました。

APEC で機能性表示食品について講演する橋本正史氏

04 ＡＳＥＡＮへのアプローチ

ＡＳＥＡＮ（東南アジア諸国連合）加盟10カ国をまたぐヘルスサプリメント規制統一ルールに関する協定が、近く加盟各国に承認される見通しとなりました。各国で異なるヘルスサプリメント規制を調和させ、ＡＳＥＡＮ域内での自由な商品の流通を促進するため、２００６年以来、検討・議論が続けられていました。

協定が履行されると、ＡＳＥＡＮのサプリメント市場規模は２０２６年までに１００億米ドル

（1兆1000億円）に達するとの見方もあります。先述した第2次安倍内閣の「戦略市場創造プラン」とも直結するような、魅力的な市場であることは言うまでもありません。今後の日本企業の事業戦略、日本国の成長戦略に関わる市場です。

日本から健康に資する製品を輸出することを考えた場合、多くのＡＳＥＡＮ加盟国は各国の規制に準拠した製品の登録を要求します。企業は定められた規制要件に関して当局の審査を受ける必要があります。特に一部のインドシナ諸国では、当局の要求する文書を正しく提出するのは容易ではありません。初めてこの作業に取り組む企業にとっては、極めて高いハードルとして感じられることでしょう。

図はＡＳＥＡＮ諸国のヘルスサプリメントの規制分類

国	規制当局	規制分類
ブルネイ	薬事	ヘルスサプリメント
カンボジア	薬事	医薬品
インドネシア	伝統薬、ヘルスサプリメント、化粧品標準化監督庁	フードサプリメント
ラオス	薬事	ヘルスサプリメント
マレーシア	薬事	ヘルスサプリメント
ミャンマー	薬事	医薬品
フィリピン	食品	フードサプリメント
シンガポール	薬事	ヘルスサプリメント
タイ	食品	ダイエタリーサプリメント
ベトナム	食品	フードサプリメント

ケミン・ジャパン提供

と規制当局をまとめたものです。多くの国の規制当局は、薬事となっています。ガイドラインの策定に関して、タイとインドネシアでは、医薬品的なアプローチが採用されています。

本書の作成のさなか橋本は、マレーシアにおけるサプリメントの業界団体・MADSA（Malaysia Alliance of Dietary Supplement Associations：マレーシア健康食品協会）の幹部と話をしましたが、同国でも同様の扱いとなっているようです。

このことを見て、サプリメントの規制強化に傾きがちな国、と判断するのは拙速です。マレーシアを例にお話ししますと、ヘルスサプリメントの管轄は薬事の人たちですので、ルテインのように医学会でガイドラインがあるようなものに関してはアプローチがしやすいだろうということです。エビデンスレベルにもよると思いますが、医学会から支持されているものに関しては、薬事の観点で規制する側からの抵抗も少なくなると考えられるのです。

一方、加工食品の形態のものであれば、比較的容易に健康効果の表示などもできるようですが、真の意味でエビデンスをしっかりと伝えていくためには、ASEAN加盟国においてもヘルスケアプロフェッショナルの協力を得ることが必要だと感じます。

例えば、特に日本でルテインが眼科医から支持されている状況をASEAN諸国に普及していく試みなどは、諸国との関係性を深化させるモデルになるかも知れません。

AAHSA（ASEAN Alliance of Health Supplement Associations）の幹部の話によると、そのハーモナイゼーションの批准は来年早々には出来る見込みのようですが、日本の機能性表示食品にも注目しているようです。

日本が今後サプリメントの市場を拡大していくにあたって、ASEAN市場の開拓は大変重要です。日本の機能性表示食品市場は活況を呈し、進化してきておりますが、ヘルスサプリメントの規制要件に関してハーモナイゼーションを議論するにあたり、参考となったのは、米国、欧州、カナダ、オーストラリア、中国の5つの国・地域の規制当局で、残念ながら日本が含まれていません。言葉の壁もあり日本の機能性表示食品の状況が把握しにくいということが要因として考えられます。

日本では機能性表示食品制度ができたこともあり、制度ができる前に比べると行政との対話の機会が増えてきました。業界の責任に主軸をおいて制度運営がされていることで、行政コストをさほどかけずに国の一定の関与が実現できていることのメリットが得られたのです。ヘルスケアプロフェッショナルである医師、薬剤師、管理栄養士などに理解していただき、支持していただくことができれば、その枠組みも含めてASEANへ発信出来る絶好のチャンスが到来していると感じられます。事業者と行政がお互いに協力して制度運営を行っていくモデルはASEAN、ひいては世界でも十分通用するモデルだと考えます。

現状ではASEAN諸国全体との連携というのはハードルが高いとは思いますが、日本の機能性表示食品制度に興味を持ってくれる国や産業団体と連携することは、今後高齢化が加速度的に進んでいく世界の健康増進にきっとプラスになっていくものと考えられます。

05 台湾のヘルスケアプロフェッショナルへのアプローチ

その好例が台湾です。台湾のルテイン市場は日本に次いで大きな市場に育っていますが、２０１０年眼科学医学会においてウルフギャング博士によりルテイン摂取の視覚機能への影響に関する講演が行われたのを皮切りに、ケミン・ジャパンは本格的に台湾でのヘルスケアプロフェッショナル向け啓発活動を開始しました。

２０１２年には台湾大学国際会議センターで開催された眼科医学学会総会にて日赤病院眼科部長の武井正人氏（当時）がルテイン摂取による黄斑色素密度への影響についての講演を行い、続いて２０１３年、ＡＲＥＤＳ２の研究結果が発表されたことを受けて、島根大学医学部眼科学講座の大平明弘教授がそれについて詳細に説明するなど、積極的に啓発活動を継続しました。さらに、橋本は2014年に台湾預防保健協會の顧問に就任し、現在に至っています。

こうした地道なヘルスケアプロフェッショナルへの啓発活動が功を奏し、台湾では日本のような機能性表示ができない状況の中でもルテインの認知度は大変高く、台湾の健康食品市場の中でも中心的な役割を果たしています。

現在、ケミン台湾にはシニアセールスマネジャーのアンジェラ・シーがおり、台湾のみならず、タイ、韓国についても事業開発活動を行っています。

06 マレーシア　MPS-YPCでの講演

2019年よりASEAN市場における事業開発を本格化するためにセールスマネジャーのヴァニス・タンがマレーシアを拠点に、同国を含むASEAN、オセアニア地域、インド市場開発のために奮闘しています。

これらの地域においてもヘルスケアプロフェッショナルへのアプローチは大変重要だということで、まずはマレーシアにおいてＭＰＳ－ＹＰＣという団体と協力関係を進めています。この団体はマレーシア薬剤師学会の組織で、次世代のヘルスケアプロフェショナルの育成を目指しています。このようにケミン・ジャパンでは、日本や台湾での普及活動をＡＳＥＡＮへも拡げるために様々な模索を開始しています。

この本が作成されているのは２０２１年で、世界はコロナ禍の真っ最中にあります。よってこれまでに対面でのイベントは開催できていませんが、２０２０年８月には、初めてＭＰＳ－ＹＰＣとのコラボによるビジネスフォーラムのウェビナーが開催されました。聖路加国際病院眼科部長の小沢洋子氏により、「加齢黄斑変性に関する最新情報」と題して講演が行われ、ルテイン摂取も含め予防の大切さについて議論することができました。

07

「健康食品」と医薬品が共存する世界へ

さて、本書では医学界にも認められたルテインという食品成分を主軸において、「健康食品」全般について記述しました。日本では「特定保健用食品制度」が出現しましたが、わが国の歴史的な背景からこれを充分に活用することが出来ませんでした。

しかし今世紀に入って、日本では生鮮食品をも視野に入れる形で「機能性表示食品制度」が誕生し、食品成分が人々の健康に活用され始めています。すなわち、「日常生活に健康に資する薬草や食品成分を取り入れて、QOL向上ひいては予防医療を実現する」というあり方です。

この制度はブラッシュアップが続けられ、今では世界に発信出来るほどの先進モデルになりつつあります。それが本章のテーマでした。ケミンも、ルテインを始めとする食品成分の提供によって、「健康食品」が医薬品と共存して人々の健康を実現する世界に貢献したいと考えています。

皆様の健康を祈念しつつ、本書を締めくくります。お読みいただき、誠にありがとうございます。

ケミングループがルテイン以外に提唱している、健康に資する食品成分について

ケミン・ジャパンではFloraGLO®やZeaOne®以外にも魅力的な機能性食品素材を扱っています。その一部をご紹介します。

～認知能力をサポート～　ニューメンティクス

ニューメンティクスは天然由来のスペアミント抽出物で、夜間の睡眠を妨げることなく日中の集中力をサポートすることが臨床的に証明されています。また、ニューメンティクスの抗酸化ポリフェノールは新しい脳細胞の成長を促進し、作業記憶という脳機能をサポートします。

これにより、能力、学習、情報管理および反応を向上させます。ニューメンティクスは認知および身体パフォーマンスの両方に寄与し、多様な応用に展開が可能です。

短期記憶の一部である作業記憶は、別の作業をしながら情報を保存し操作することができる記憶のことで前頭前野と海馬によって制御されています。

作業記憶は持続的な注意、焦点、集中などに関する認知能力をサポートし、さらに運動や反応時間などの身体能力をサポートすることを示すエビデンスもあります。研究によると、作業記憶の減少は早くも20代で始まり、自ずと10年で約10％減少することが示唆されています。

ニューメンティクスのフェノール複合体は、ケミン社独自のスペアミント由来ポリフェノール特有の組み合わせで、ロスマリン酸、サルビアノール酸、リソスペルミン酸およびカフタル酸を含む50種類以上のフェノール化合物を含んでいます。

脳内で抗酸化物質として働き、神経伝達物質のレベルを高め、神経細胞を保護しその成長を促進します。成人を対象にした臨床試験も実施されており作業記憶を自然にサポートすることが示されています。

この強力なフェノール複合体の本来の性質を維持するために、ケミン社では穏やかな水抽出工程および革新的な乾燥技術を採用しており、高品質・安全・有効な認知健康成分を一貫して提供することができます。

ニューメンティクス（KI 110およびKI 42）に使用される優れた米国特許取得済みスペアミントは米国で持続的に栽培されて、SCS Global の Sustainably Grown による認証を得た唯一のスペアミントです。

90日間の無作為化二重盲検プラセボ対照試験では、プラセボ群と比較してニューメンティクス服用群の方が作業記憶の質が優れていました。また、ニューメンティクス服用群はプラセボ群と比較して、作業記憶のパフォーマンスにおいても15％の改善が示されています。

また、プラセボ群と比較した空間作業記憶においても９％の改善が示されました。さらに、ニューメンティクス服用群は、プラセボ群と比較して、夜間、有意に早く安易に入眠しました。

動物実験による毒性試験および遺伝毒性試験において安全であることが示されており、また、すべてのヒト臨床試験において被験製品に関連した有害な副作用はなく、忍容性が良好であることが示されています。

ケミン社ではニューメンティクスの研究にすでに１５０万ドルを投資、さらに研究などのプログラムに投資を続けています。これにはヒト臨床試験に加えて、作用機序、脳の健康、認知および行動の結果を解明するための in vitro および in vivo 試験も含まれています。

スペアミント由来ロスマリン酸を機能性関与成分とする機能性表示食品の届出も受理されています。 https://www.fld.caa.go.jp/caaks/cssc01/search

また、２０２０年10月24日、日本脳サプリメント学会が Zoom 会議システムで開催され、ニューメンティクス™ の作用機序に関する科学的裏付けの研究結果が報告されました。

この研究結果は査読付き専門誌 Journal of Stroke and Cerebrovascular Diseases および Current Neurovascular Research にて公表されています。この新たな研究では、中脳虚血性脳梗塞を発症させたマウスの認知能力と運動能力の回復に、ニューメンティクス™ が寄与したことがわかりました。「本研究の結果は、ニューメンティクス™ の抗炎症特性と神経防護特性を実証している」と、日本の元岡山大学医学部神経内科教授で本研究の指導教官を務められた阿部康二教授（M.D., Ph.D）は「本研究はまた、ニューメンティクス™が脳の健康と認知機能をサポートする機序を明確に示している」とコメントをされています。

脳の健康と認知機能をサポートする機能性素材として注目されています。

～身体の免疫機能を強化～　ベータヴィア

免疫系は、侵入者から身体を守るために働く細胞のネットワークで、免疫細胞は身体を安全で健康に保つために外来の脅威を見つけて攻撃します。しかし、免疫機能は、食事、運動、睡眠、ストレス、衛生など、さまざまな要因に影響され、例えばストレスがかかっていたり睡眠不足であれば、万全な体調を備えることはできません。

ケミン社のユーグレナ属由来原料のベータヴィアは、免疫の健康をサポートすることが数々の試験で証明されています。インビトロおよび動物の研究により、ベータヴィアは重要な免疫細胞の刺激、細胞内シグナル促進し、栄養補給および抗酸化作用を示すことが確認されました。

パラミロンは、藻類、バクテリア、真菌およびオート麦や大麦のような植物に存在する多糖類（グルコースが連なった鎖状分子）であるβ－グルカンの一種です。β－グルカンは、細胞内での化学構造により役割が異なります。菌類、オート麦および大麦に見られるタイプのβ－グルカンは、細胞壁の構造成分です。ケミン社のβ－グルカンは、ユーグレナ属（Euglena gracilis）と呼ばれる藻由来で、そのβ－グルカンはエネルギー源として貯蔵され、細胞内で自由に浮遊しています。
特に、パラミロン中の1,3結合は、免疫細胞により認識され、免疫細胞が初回刺激（免疫系を賦活するための予備刺激）されるので、ユーグレナ属全藻類由来の不溶性パラミロン（β－1,3－グルカン）は免疫力向上をもたらすことがわかっています。

BetaVia™ Complete

ユーグレナ（和名：ミドリムシ）は、植物および動物に共通のタンパク質、ビタミン、脂肪酸、カロテノイドといった栄養価の高い成分を含む特別な原料です。ユーグレナの生産プロセスは、ユーグレナが独立栄養生物（自給）または従属栄養生物（外部から供給）であるため、持続可能性が高く効率的です。ユーグレナグラシリス株を過酷な溶媒を使用せずに、米国特許取得の最小限の培養方法で生産します。

臨床試験の結果、原料製剤『ベータビア コンプリート』を摂取している活発で健康な被験者群は、プラセボ群と比較して90日間のサプリメンテーション期間で上気道感染症（URTI）症状数、病気日数、罹患日数が少ないことがわかりました。これらの知見は統計的に有意でした。
ベータヴィア コンプリートを摂取している被験者は、90日間のサプリメント投与期間中に症状数が30少なかったと報告しました。それは、プラセボ群と比較して症状数が70％少ないことを示します。また、ベータヴィア コンプリートを摂取している被験者群は、プラセボ群と比較して90日間のサプリメンテーション期間中の罹患日数が10日少なかったと報告されています。罹患日数は、参加者が少なくとも1つのURTI症状を有する日です。

ベータヴィア コンプリートは、免疫力をサポートするパラミロンを含む栄養豊富な乾燥したユーグレナ全細胞発酵物です。パラミロン（β-1,3-グルカン）を50％以上含有しており、たんぱく質15％以上、ビタミン、ミネラル、脂肪酸およびアミノ酸など含有し、推奨摂取量は375mg／日となっています。

また、将来的にベータヴィアの機能性の表示としては「健康な免疫系のサポート」や「自然な免疫系の増強」「免疫力維持のサポートが臨床で示唆」「運動中および運動後の自然な免疫力をサポート」等を予定しております。

〜空腹感をコントロール〜　スレンデスタ®

健康的な食事にこだわりかつ体重を管理することは容易ではありません。長期的に体重の減少を成功させるためには、空腹感をコントロールし、過食を避けることが重要です。スレンデスタは満腹感をもたらし食事量を抑え、食事と食事の間でも満腹感を維持し、空腹感のコントロールに役立ちます。

スレンデスタは、天然のジャガイモ由来たんぱく質で、不快な副作用なく満腹感を高めることができる機能性栄養成分です。この機能性成分の利点は、身体の部分痩せや間食を抑え、体重管理の目標を達成させることです。

スレンデスタの活性分子は、プロテアーゼ インヒビター2（ＰＩ－２）と呼ばれるタンパク質です。ＰＩ－２は、体内で強力なペプチドホルモンのコレシストキニン（ＣＣＫ）を放出させ、これが胃や脳などの主要な臓器に信号を送り、満腹感を誘導します。このＰＩ－２の強力な満腹感誘導効果を発揮できる分子を含む天然素材としてスレンデスタがケミン社の Specialty Crop Improvement（ＳＣＩ）チームによって、伝統的な植物育種方法により育成されたジャガイモがさらに改良されています。

サプリメントや食品に配合されたスレンデスタでは「満腹感を早く長く感じさせる」「食欲を抑制し、空腹をコントロールし、ダイエットをより容易にし、体重管理に役立つ」「適切な食事療法や運動習慣と共に服用すると、体重減少を促進し、ウエストや腰回りの寸法を減らす」等の効果が臨床試験で確認されています。

スレンデスタとＰＩ－２がもたらす満腹感と体重管理の利点は、５００人以上が参加した12本のヒト臨床試験で証明されています。参加者は特別な食事や運動はせずに、充足感の向上やウエストと腰回りのサイズの有意な減少および体重低下、食事後の血糖値低下等の機能が示唆されています。また、どの臨床試験においても有害な副作用は報告されていません。

ケミン社はアメリカの農家と協力して、100%トレサビリティの確立された方法でジャガイモの栽培と収穫をし、そのジャガイモはアイオワ州デモインにあるケミン社の最先端抽出施設に運ばれます。その後そのジャガイモは、過酷な化学溶剤は使用せずに水抽出工程による特別な抽出方法および限外ろ過によって、PI－2の機能性を変えることなく一定レベルのPI－2を含む標準化されたスレンデスタが製造されます。

スレンデスタは米国食品医薬品局（FDA）による食品用GMP、21C.F.R.、110および117に準拠して製造されており、また、GRAS認証も取得しています。

■ケミン社　日本と米国の足跡

※〔黒文字＝日本の行政の動き〕〔赤文字＝ケミンの動き〕〔茶色文字＝米国の行政の動き〕を表しています。

日本

1984年	文部省（現文部科学省）の食品の機能性研究「食品機能の系統的解析と展開」がスタート
1987年	厚生白書に食品の三次機能が掲載
1991年	特定保健用食品（トクホ）制度スタート
1996年	市場開放問題苦情処理体制（OTO）によりビタミン・ミネラル等食品成分の食薬区分からの段階的な緩和が始まる
1997年	13種類のビタミンが専ら医薬品から専ら非医薬品となり食品として流通可能になる
1998年	168種類のハーブ類（生薬）が専ら医薬品から専ら非医薬品となり食品として流通可能になる
1999年	12種類のミネラルが専ら医薬品から専ら非医薬品となり食品として流通可能になる
2000年	ケミン・ジャパン株式会社設立

米国

1961年	ケミン・インダストリー社　設立
1970年	ベルギーのヘーレンタスに初の地域本社を設立
1984年	カチック博士が国際カロテノイド学会で研究発表
1986年	NEI（米国国立眼病研究所）がAREDS研究をスタート
1988年	シンガポールに販売および製造施設を持つ2番目の地域本社を開設。
1990年	カチック博士が京都の国際カロテノイド会議で講演 NLEA法成立
1994年	中国の珠海に販売および製造拠点を開設 DHSEA法成立
1996年	FloraGLO®ブランドルテインがマスマーケット向け製品を上市 インドのチェンナイに販売および製造施設を開設 （この製造施設は急速に拡大し、後にインドのガミディプンディに移転）
1997年	ルテインをサプリメントで摂取すると黄斑色素密度を上げることができることが確認された（Landrum）

2001年	アミノ酸23種類専ら医薬品から専ら非医薬品となり食品として流通可能になる 食品の「形状撤廃」が実施。〝丸錠剤〟と〝カプセル〟形状の食品が流通可能になる ヒト栄養製品を扱うケミン・フーズアジアの拠点をケミン・ジャパン内に設立 橋本正史がケミン・ジャパンに参加
2002年	村上敦士がケミン・ジャパンに参加
2003年	第1回SERI-ARVO会議（シンガポール）が2月に開催される 「健康食品に係わる制度の在り方検討会」（厚生労働省）スタート
2004年	健康食品GMP、アドバイザリースタッフ制度誕生
2005年	「食事バランスガイド」が策定される
2007年	「発掘！あるある大事典II」が不祥事で放送打ち切り 4・13事件で健康食品業界が大きなダメージを受ける

2004年	ブラジルのインダイアツーバの販売および製造施設を取得 南アフリカのヨハネスブルグに販売および製造施設を開設 ルテインが大人の脳の中に存在していることを確認（Craft&共著者） 加齢黄斑変性の患者がFloraGLO®ブランドルテインを10㎎摂取したところ、黄斑色素密度の上昇、グレアの回復、視力及びコントラスト感度の改善が見られた（Richer他） FloraGLO®ルテインがJECFA（FAO／WHOの食品添加物の安全性を評価する共同委員会）によって安全性が確立された FloraGLO®ルテインが食品および飲料への使用についてFDA通知によるGRAS認証取得。（GRAS No. 140） LAST研究発表
2006年	NEI（米国国立眼病研究所）がAREDSII研究のための被験者のリクルーティングを開始（これまで行われたルテインの介入試験で最大規模）
2007年	FloraGLO®ルテインが育児食品への使用についてGRAS認証を取得（GRN NO. 221） FloraGLO®ルテインを1日10㎎摂取すると皮膚の保湿性、弾力性が改善することが確認された（PALOMBO他）

2008年	特定検診（メタボ検診）・特定保健指導スタート 「健康食品問題研究会」（石崎岳会長）が発足
2009年	消費者庁発足 健康食品業界7団体を統括する「健康食品産業協議会（ＪＡＯＨＦＡ）」が発足
2011年	食品の機能性評価モデル事業
2012年	日本眼科学会が加齢黄斑変性の治療指針を発表 ブルーライト研究会が発足 消費者委員会が国民一万人を対象とした、「健康食品の利用状況等に関するアンケート」を実施
2013年	「「健康食品」の表示等の在り方に関する建議」で機能性表示を否定 規制改革会議から「一般健康食品の機能性表示を可能とする仕組みの整備」が6月5日に答申され6月14日に閣議決定

2008年	ＤＳＭ社と戦略パートナーシップ契約を締結 FloraGLO®ルテインを健常な若い成人が1日10mg摂取すると、黄斑色素密度の情報、グレア回復、視力、コントラスト感度の改善がみられることを確認（STRINGHAM & HAMMOND） FloraGLO®ルテインは成人の認知機能をサポートすることを確認（JOHNSON他）
2009年	イタリアのヴェロネッラに2番目の欧州製造拠点を開設
2010年	イタリアのカヴリアーゴのカプセル化会社および施設を取得 FloraGLO®ルテインを妊産婦および乳児向けルテイン介入試験で使用
2012年	FloraGLO®ルテインが米国眼科医が最も推奨するルテインブランドとなる FloraGLO®ルテインが乳児向け製品に使用される食品としてＦＤＡのＧＲＡＳ認証を取得（GRN NO. 390） FloraGLO®ルテインが出産前後に1日6-12mgルテイン摂取を可能とするサプリメント用途を含む拡大ＧＲＡＳ認証を取得
2013年	ＡＲＥＤＳⅡ研究結果が学術雑誌に掲載。1日ルテイン10mg、ゼアキサンチン2mgを推奨（CHEW他）
2014年	ヨハネスブルグに新たな地域本社を開設 FloraGLO®ルテイン10mgとゼアキサンチン2mgを健常な成人が摂取すると、黄斑色素密度、グレア減能、色コントラスト、光刺激からの回復において改善がみられることが発表される（HAMMOND他）

2015年	機能性表示食品制度スタート（4月1日）
2016年	2016年第3回薬食国際カンファレンス（ICPF2016）において「FloraGLO® ルテイン～ルテイン20周年記念講演～」を開催 健康食品産業協議会（JAOHFA）が一般法人化
2018年	「応用薬理シンポジウム」で東邦大学医学部眼科の柴友明先生が「ルテインと加齢黄斑変性 ～サプリメントで黄斑変性を予防しよう！～」とのテーマで講演
2019年	APEC（Asia Pacific Economic Cooperation）会議に橋本正史が参加
2021年	FloraGLO® ルテイン 25周年

2016年	ZeaOne® ゼアキサンチンがマリーゴールド由来のゼアキサンチンとして初めてFDAのGRAS認証を取得 ケミン社がルテインを使用したブルーライトからの保護と眼病対策の方法論に関する特許を取得 FloraGLO® ルテインは世界で最も研究に使用されたルテインブランドで、マリーゴールドの花の研究および品種改良が行われ、70件以上のヒト臨床試験に使用される
2017年	ロシアのリペツクに最先端の販売および製造施設を開設 米国ミシガン州プリマスのβ-グルカン製造施設を取得 マリーゴールド Tagetes Erecta 品種について全体のゲノム解読が行われ、アセンブリおよびアノテーションができる
2018年	Tagetes Erecta 種のマリーゴールドから作られたルテインに関するJECFA（JOINT FAO/WHO EXPERT COMMITTEE ON FOOD ADDITIVES）の評価が更新される サンマリノ共和国の Garmon Chemicals 社を取得し、繊維助剤ビジネスユニットを設置 水産養殖業界を対象とする新たなビジネスユニットであるケミンアクアサイエンスを設置
2019年	2042年とその先に向けて当社を導く新たなグローバルビジョンと新ロゴを発表 「皮膚を防御し修復する成分」および「ブルーライトへの暴露から子供の目を保護するための方法論」に関する特許出願
2020年	FloraGLO® ルテインを使って行われたヒト試験が100件論文掲載され、そのうち15件が母子の健康、10件が脳の健康に関するものに
2021年	FloraGLO® ルテインを使って行われたヒト臨床試験の数は100件を超す FloraGLO® ルテイン 25周年

あとがき

本書を読んでいただきまして、誠に有難うございます。

今年FloraGLO®ルテインは25周年を迎え、ケミン・ジャパン株式会社のヒューマンニュートリション部門は20周年を迎えることができました。これまで本当にたくさんの方々にご支援をいただき、この節目の年を迎えることができたことに、心からの感謝を申し上げる次第です。

本書の起稿のお手伝いをさせていただきましたが、最初は単純に社史のようなものをつくりたいという気持ちでした。しかしながら、これまでの20年間を振り返っていく中で、単にFloraGLO®ルテインやケミン・ジャパンの歩みだけを皆さんにお伝えし、知っていただくだけでなく、もう少し俯瞰して世界に広がるケミングループ全体の歩み、またわたしたちが取り組んできた日本の健康食品業界の歴史についても、同時に振り返りながら整理をすることも大切ではないかと考えるようになりました。

幸運なことに、20年の間にわたしはさまざまな素晴らしい方々と出会い、刺激を受けながら仕事をさせていただきましたが、本書で紹介されている方々はその中でも特にルテイン史をお伝えする上で特筆すべき方々です。ルテインの価値を多くの人たちに知って欲しいという情熱を持って仕事を実行してきたとの自負がありますが、同じ情熱を持った方々と共鳴することができ、何倍もの物凄いエネルギーとなって多様なプラスの現象が生み出されてきました。多くの偶然がございましたが、それは単なる偶然ではなく、必然的に起きたことだと感じています。

本書を通じて、少しでもこうした方々と作り出して来た情熱や実行力をお伝えできたら大変嬉しいです。そして、わたしたちをそのようにさせたルテインの価値についてご興味を持っていただければ有難いです。

これからも社員一同、ケミンのビジョンを達成するために鋭意努力を継続する所存です。皆様におかれましては引き続きご指導ご鞭撻のほどお願い申し上げます。

本書の監修にご協力をいただきました、聖隷浜松病院眼科部長の尾花明先生にこの場をお借りして御礼申し上げます。

最後になりましたが、すでに故人となりました私の最初のボスであり、ルテインの価値、ケミンの価値そして進むべき道を教えてくれたロドニー・オーシッチ氏に対しても、心から謝意をお伝えしたいと思います。

２０２１年11月

ケミン・ジャパン株式会社 代表取締役
橋本正史

〔参　考〕

ケミン・ジャパン株式会社

〒102-0076　東京都千代田区五番町12番地　五番町Kビル4階

〈アグリフーズ部門〉TEL:03-3239-2501　FAX:03-3239-2502

〈ヒューマンニュートリション＆ヘルス〉TEL:03-3239-2521　FAX:03-3239-2522

ホームページ：〈日本サイト〉www.keminjapan.co.jp

〈海外サイト〉www.kemin.com

医学界も認めたルテインのちから

～ケミン・ジャパン20年の挑戦と未来！～

2021年11月1日　初版第1刷発行

編　　著　Health Brain

発 行 人　栗栖直樹

企画･編集　株式会社リーランド

発 行 所　株式会社エスクリエート
〒170-0013 東京都豊島区東池袋4-18-7 サンフラットプラザー203
TEL：03-6914-3906

発　　売　株式会社メディアパル（共同出版者・流通責任者）
〒162-8710　東京都新宿区東五軒町6-24
TEL：03-5261-1171

印 刷 所　株式会社シナノパブリッシングプレス

ISBN978－4－8021－3280－0　C0036